PRATIQUE RAISONNÉE

DE

L'ARBORICULTURE

EN GÉNÉRAL.

PRATIQUE RAISONNÉE

DE

L'ARBORICULTURE

EN GÉNÉRAL,

PAR

FÉLIX PIGOT-AMETTE,

Membre de la Société d'Horticulture de Meulan

SE TROUVE

CHEZ L'AUTEUR,

A Aincourt, près Magny (Seine-et-Oise).

GRELLÉ, IMPRIMEUR,

A Paris, passage du Caire, 64 et 65

ET CHEZ TOUS LES LIBRAIRES

1848.

PRATIQUE RAISONNÉE

DE

L'ARBORICULTURE

EN GÉNÉRAL.

Je suis né à Aincourt (Seine-et-Oise), où l'industrie principale n'est que l'agriculture, qui ne procure à la classe ouvrière que les travaux de ferme auxquels les enfants se livrent de bonne heure, et s'élèvent sous les auspices des cultivateurs qui leur procurent tous les principes et la science de l'agriculture et les habituent aux plus fatigants travaux auxquels les gens de ville ne pourraient tenir. Aussi, si l'on accuse ces gens des seules capacités de ce genre, elles sont d'un grand mérite ; il semblerait même que la nature les a créés pour suppléer à la plus riche, à la plus belle branche commerciale de l'humanité : c'est donc, sans trop dire, nos cantons qui touchent la Normandie et la Picardie, qui sont les plus riches et les plus féconds; ce sont ces contrées qui font la nourriture d'une partie de la France. Avec quels progrès voit-on nos agriculteurs multiplier, perfectionner ce bien toujours renaissant et rajeunissant même ; avec quelle fécondité surprenante ils perpétuent les dons du Créateur pour la conservation du genre humain, puisque c'est la plus salutaire et la plus appropriée à nos organes. Combien est-il à regretter que ces riches et belles campagnes ne fournissent pas des hommes également à cette belle branche d'horticulture qui doit tenir et suppléer aux produits de l'agriculture; on peut dire que l'horticulture est la seconde production et la seconde nourriture de l'espèce humaine.

Il est à regretter que ces riches contrées soient aussi en retard de connaître les avantages des perfections de l'horticulture, comme on la voit aux environs de Paris. Je voudrais pouvoir faire connaître dans nos cantons toutes les récompenses que le créateur de la nature donne à l'homme passionné et voué à cette science , qui cherche à multiplier les espèces pour en augmenter les qualités ; il se trouve en état d'empire et d'un pouvoir presque créateur sur les fleurs , les fruits et plusieurs productions naturelles. Il les embellit, les perfectionne, et les rend presque méconnaissables par la beauté et la bonté qu'il leur procure à force de soins et de travaux assidus, et par sa capacité à mettre à profit les moyens que lui présente la nature : c'est une sorte de récompense utile et agréable à l'homme pour le fruit de ses travaux. Cet art, dont l'origine doit être, pour ainsi dire, dans le berceau du monde, devrait être plus apprécié, ce qui procurerait aux hommes plus de bonheur, plus d'intelligence et plus de pouvoir à occuper leur temps, et, sans y compter, devenir bons praticiens. Enfin, chaque pays fournirait des horticulteurs distingués, ce qui obligerait les riches propriétaires à mieux entretenir leurs propriétés, et à se servir des gens de leur village, plutôt que d'être obligés de confier leur propriété à un étranger, qui a montré en apparence des capacités, mais qui plus tard décourage le propriétaire des sacrifices qu'il avait l'intention de faire, et le fait abandonner son jardin presque aux seuls soins de la nature. Les ouvriers du pays qui murmurent contre le riche qui néglige sa propriété, plutôt que d'y occuper quelques malheureux du pays manquant d'ouvrage, ou quelquefois jaloux de voir un homme capable qui n'est pas du village même; que ces gens-là le prennent pour exemple, en appréciant que s'ils avaient des capacités,

comme je l'ai dit plus haut , le propriétaire
ne manquerait pas de préférer occuper les
habitants de son petit village, qu'il a vus naître , et qui souvent se sont élevés sous ses
auspices , connaissant d'abord leurs capacités , plutôt que de courir les risques de
confier sa propriété à un individu qu'il ne connaît pas, quand même il aurait de très bons
renseignements et qu'il aurait vu son travail
depuis plusieurs années , qui ne paraîtrait
rien à désirer; il ignore s'il y a des vices qui
ne sont pas à la portée de sa connaissance ,
ou si l'individu n'est pas favorisé d'un raison-
nement qui influe sur son travail; et quand
même il n'est pas possible que le propriétaire
puisse être certain que ce jardinier tiendra
sa propriété sans préjudice ; car je dois prévenir les propriétaires qui se plaisent et s'habituent au changement de leur jardinier,
croyant toujours trouver mieux, mais qu'ils
observent bien que souvent un jardinier est
excellent dans un jardin qu'il cultive depuis
longtemps, et qu'il serait très mauvais dans
un autre, attendu que la plupart ne s'attachent qu'au terrain qu'ils cultivent , et ne
cherchent pas à faire la différence de ceux
qu'ils ne cultivent pas.

De sorte que, n'ayant toujours eu qu'un

même terrain et les mêmes sujets à cultiver pendant plusieurs années, le jardinier s'est mis à la portée des défauts et qualités de son jardin ; il peut s'être fait au détriment de son maître et de son jardin une réputation de son état, mais il n'est pas permis à tout le monde de connaître que cette réputation est routinière dans une seule nature de terre, et qu'il faudrait à ce même jardinier un même apprentissage, dans un autre jardin qui serait d'une autre nature, auquel les êtres organisés demanderaient un traitement différent, en rapport de leur position, selon leur nature et celle de la terre. Si le jardinier se tient à sa première routine, il endommagera la propriété, s'il apprécie qu'il doit changer ses principes, c'est une école qu'il est obligé de se faire encore une fois, au détriment du propriétaire et des sujets qu'il traite; il est donc difficile aux propriétaires, qui changent souvent de jardinier d'avoir une propriété richement tenue, et de même à un jardinier de s'établir une réputation de premier ordre. Comme il n'est pas permis à tous les hommes de pénétrer profondément dans le système du jardinage, un jeune homme ne doit pas pour en faire son état, entreprendre cette partie qui offre tant de difficultés, s'il n'y a pas chez

lui un goût passionné et d'une grande intelligence, qui puisse se familiariser avec la nature végétale; sans ces qualités il se donnera du mal pour ne rien faire, et découra-
gera le propriétaire qui serait heureux de
faire des sacrifices, s'il en trouvait la jouissance; mais avec ces qualités il peut entreprendre, et ne jamais s'en tenir à ces quelques premières années d'apprentissage, et ne
devra se croire jardinier s'il n'a pas cultivé
toutes les natures de terres, en avoir apprécié les différences ; c'est alors qu'il aura
moins de doute, lorsqu'un terrain lui sera
confié, sans cependant se croire ne plus rien
ignorer, car il faut savoir que les secrets de
la nature sont extrêmement cachés, et qu'il
ne faut jamais s'en tenir aux principes seulement que les hommes nous ont donnés.

Moi, je peux dire que le hasard m'a livré
dès ma tendre jeunesse à l'état de jardinier,
ce qui fut pour moi une providence; je peux
dire une providence, puisque c'est tout mon
bonheur et ma passion. Je n'ai jamais su
trouver d'autres amusements , dans tout
le cours de ma jeunesse, qu'à passer mon
temps de loisir à étudier les effets et les
bizarreries de la nature végétale. Je dois donc
dire qu'après huit années d'apprentissage,

je doutais encore des principes, que plusieurs maîtres m'avaient démontrés, quoique d'une réputation distinguée, attendu que j'ai appris que tous les hommes ne sont pas d'accord sur le même principe, et principalement en horticulture; j'ai été à même d'en juger dans tout le cours de mon apprentissage, car il était rare que chaque maître ne me fît pas changer de principe et ne méprisât souvent ce que l'autre m'avait vanté, ne sachant lequel croire attendu que chacun explique à sa manière sa théorie, croyant toujours avoir raison. J'ai cessé d'être l'élève des hommes pour être celui de la nature; je compris qu'elle avait des secrets que les hommes ne pourront jamais pénétrer, puisqu'il n'est pas permis de la prendre sur le fait; mais j'ai pu croire que me familiarisant avec elle, après huit années d'apprentissage assidu sans perdre un moment, j'approcherais de quelques secrets que la nature végétale laisse entrevoir à l'homme attentif.

Ce fut donc en *arboriculture* que j'ai eu le plus d'occasions, attendu que je suis resté quatre années dans la Brie (Seine-et-Marne), chez un ancien fermier retiré de ses cultures: son jardin étant d'une mauvaise nature qui ne permettait pas même une moyenne végétation, je ne fus pas longtemps à me demander comment je m'étais placé au milieu d'un terrain aussi ingrat ; mais le hasard me servait à plaisir, car j'avais sous ma direction deux grands jardins de ferme, appartenant aux enfants de mon maître; le plus éloigné de ma résidence était à quatre kilomètres, et possédait un sol riche en humus dans lequel les arbres faisaient des merveilles; l'autre, qui était à moitié chemin et sur la même ligne, me permettait de lui porter plus de soins, d'autant plus que la végétation était des plus convenables, et les arbres plus nombreux dans toutes les expositions: aussi, je travaillai ces arbres avec bonheur, les journées que j'y passais ainsi que les fêtes et dimanches, n'étaient pour moi que des heures, et si j'ai souffert du froid en hiver et répandu tant de sueur en été, la nature m'a donné en récompense des procédés heureux et nouveaux, et c'est en partie à ce jardin que je dois les avantages qui m'ont mis à même de faire produire des fruits à toutes les espèces d'arbres, tels que fruits à pépin et à noyau. C'est depuis ce temps que je n'ai pu trouver un arbre rebelle à la production de son fruit, de telle voracité qu'il soit: c'est ce qui m'a donné occasion de mettre en note au fur et à mesure, toutes mes expériences, et aujourd'hui à la supplication de mes confrères, je viens les rassembler en un petit volume, sans rien exagérer, car mon but n'est pas de m'élever au-dessus de personne, mais seulement de pouvoir être utile à mon pays et ses environs, en parcourant ses contrées et traitant les arbres des personnes qui me feront l'honneur de m'appeler chez elles; en m'accordant leur confiance, mes principes ne tarderont pas, je l'espère, à favoriser ces belles campagnes, et à mettre en goût les propriétaires qui ne daignent pas faire cas des agréments de l'arboriculture.

Aujourd'hui tout le monde doit aimer cette belle science, ou il ne faudrait pas l'apprécier; car quel est l'homme, et principalement le riche, qui ne serait pas amateur des produits de l'horticulture, et qui ne ferait pas des sacrifices s'il voyait son jardin entre les mains d'un homme habile, qui lui procurerait des richesses tant en produits qu'en agrément ; si au lieu de ses espaliers dégarnis, de ses arbres de mauvaise figure, mal construits et dénudés, qui ne donnent que des fruits détestables à la vue , revêches et sans goût, il y trouvait au contraire des arbres bien faits, d'un aspect admirable autant par leur forme que par la beauté de leurs fruits et leur contour volumineux, sur lesquels brilleraient leurs différentes couleurs selon les espèces? Il serait impossible que le propriétaire ne s'extasiât pas devant ces productions qui viendraient orner sa table au dessert, et faire la richesse de son fruitier en hiver. Le jardin potager et d'agrément, qui doit tenir les mêmes principes, ne laissant rien à désirer, favoriserait le propriétaire par intérêt du bien, et le jardinier par des satisfactions d'intérêt d'amour-propre.

Comme je désire prouver aux personnes qui pourraient en douter les faits que j'avance, je mets à leur disposition, comme modèle, le jardin de **M. Amette**, mon beau-père, propriétaire à Aincourt, près Magny (Seine-et-Oise), où nous recevrons avec plaisir les personnes qui désireraient le visiter elles-mêmes.

NOTIONS PRÉLIMINAIRES

Sur la plantation.

Voici le but de mes expériences qui m'ont toujours favorisé dans toutes mes plantations d'arbres fruitiers. Lorsqu'un terrain n'est pas trop froid ni trop humide en hiver, je commence mes plantations à l'automne sans exception d'aucune espèce ; je fais mes trous ou tranchées pour recevoir ma plantation avant les pluies d'automne, s'il est possible, attendu qu'il est connu qu'à cette époque, les pluies surabondantes sont saturées des gazs atmosphériques qui, par leur action puissante, procurent au sol une fécondité dont les effets se font sentir longtemps. Il n'est pas difficile de croire qu'une terre mise à l'air, se trouve imprégnée des pluies et des gazs de l'air atmosphérique qui décompose et désagrège les matières organiques, et principalement dans un terrain sec; mais dans un terrain humide je préfère les mois de février et mars : tout le monde en connaît les avantages. Je préfère aussi, lorsque j'ai plusieurs arbres à planter en ligne, ouvrir une tranchée au lieu d'un trou d'un mètre carré. Lorsque l'on est obligé de le faire d'une bonne profondeur, l'on est tellement dans un état de gêne pour enlever la terre du fond du trou, que l'on est forcé de durcir les côtés et le fond du trou par le piétinement et les pesées que l'on est obligé de faire avec la bêche pour enlever la terre du fond, de sorte qu'en plantant son arbre dans un trou pratiqué dans une terre humide, il est certain que la terre se trouvera battue, et que l'eau pourra y avoir séjourné. On cherchera les moyens d'ameublir cette terre et crever les côtés du trou pour que l'arbre ne soit pas comme un oranger dans une caisse; mais bien souvent en manœuvrant cette terre pour l'ameublir afin de ne pas renfermer de trop grosses mottes autour des racines, on la met à l'état de boue: elle a donc perdu ses facultés en perdant son état normal. Il n'en est pas de même en pratiquant une tranchée, cela s'explique facilement; car une fois que la tranchée est ouverte, on n'a plus qu'à prendre la terre devant soi en jetant la couche labourable, ou enfin la meilleure terre d'un côté et la plus mauvaise de l'autre, afin que l'on puisse facilement, lors de la plantation, mettre toute la bonne terre dans le fond de la tranchée pour favoriser la reprise du sujet, et la mauvaise se trouvant dessus sera forcée à devenir meilleure par les soins de la culture. Il est indispensable de donner un labour dans le fond de la tranchée, lorsqu'elle sera à sa profondeur, ce qui donnera l'avantage d'assainir et ne permettra pas à l'eau d'y séjourner si les pluies étaient abondantes avant la plantation.

Plantation proprement dite.

Avant que de planter un arbre, il est bon de connaître la nature du sol, afin de savoir si l'espèce ou variété de fruit que l'on se propose de lui confier, conviendra au terrain, et même à l'exposition ; c'est là une question bien délicate sur laquelle la plume ne pourrait donner que des idées généralement fort imparfaites; il en est de même pour la distance d'un arbre à l'autre : l'écartement ne doit être que selon la force de végétation que les sujets pourront acquérir et selon la forme qui leur sera assignée : l'on doit aussi observer l'espèce du sujet sur lequel l'arbre est greffé. Comme les arbres sur franc peuvent vivre deux ou trois fois plus longtemps que sur une autre essence d'arbre, il est certain qu'à la longue de leurs années ils deviendront volumineux en hauteur et en largeur; cette mesure à prendre est indispensable pour l'avenir, car, lorsque deux arbres se touchent et qu'ils sont encore d'une grande vigueur, l'on est obligé de racourcir les branches qui s'entrelacent et se nuisent mutuellement; il en résulte qu'à force de priver et d'interdire la sève des deux parties opposées, pour les empêcher de s'obstruer en occasionnant un refoulement de sève dans les boutons à fruits de ces mêmes branches, qui les déterminent en bourgeons anticipés, on devra mettre arrêt à leur anticipation par le pincement; mais comme ces bourgeons sont produits par un excès de sève, ce sera forcer les branches voisines à ouvrir les canaux séveux pour donner une autre issue à cette sève chassée de son cours naturel. Chaque branche qui aura pris une part de cette sève refoulée, ne manquera pas chaque année d'augmenter ses forces et de détruire en peu de temps la forme et l'équilibre de l'arbre.

Doit-on planter peu ou très profond ? 1° Cela tient également à la nature du sol; dans une bonne terre profonde, enfin convenable à la végétation, on ne doit jamais enterrer la greffe, de telle nature soit l'arbre, principalement dans une terre humide; il faut pour obvier à ce défaut, lors de la plantation, élever son arbre au-dessus du sol d'une hauteur calculée, selon que le trou aura été plus ou moins profond où que l'on aurait introduit des substances solides, qui tendraient par leur putréfaction à faire descendre la masse de terre sur laquelle l'arbre est assis, et l'obligeraient de s'enterrer; attendu que l'on ne doit jamais fouler une terre humide sur les racines d'un arbre, ce qui oblige davantage à élever la terre nouvellement remuée au-dessus du sol; il sera plus avantageux que cette terre s'entasse d'elle-même , plutôt que d'être foulée aux pieds comme font beaucoup de personnes.

2° Il n'en est pas de même dans un terrain sec, brûlant et léger ; il faut, au contraire, calculer que dans cette espèce de terre, dont le sous-sol est également sec , la première couronne de racines du sujet, qui est la plus avantageuse pour toute la production de l'arbre, se trouvera dans un état impuissant dans les grandes chaleurs de l'été, si elles ne sont pas à une certaine profondeur. J'ai reconnu très avantageux dans ces espèces de terre d'enterrer la greffe de l'arbre de 4 à 5 centimètres au moins.

3° Dans un terrain peu profond, qu'il n'est

pas permis de défoncer, l'on doit répandre une couche de bonne terre , et disposée en plate-forme extrêmement foulée pour recevoir le pied de l'arbre, et empêcher ses racines de s'enfoncer trop tôt pour gagner le mauvais sol, qui le mettrait à l'état de chlorose. Pour répondre au terrain ainsi préparé, il faut couper les racines de l'arbre, dites pivots, très courtes et également toutes celles qui tenteraient de s'enfoncer, et placer l'arbre sur la plate-forme, en allongeant horizontalement ses racines, à la main, puis on les recouvre avec de bonne terre douce, en faisant entrer cette terre dans les racines , avec la main, pour ne pas laisser de cavités qui occasionneraient le blanc à certaines racines, et les feraient périr; mais il faut avant que de planter, présenter l'arbre à sa place, afin de savoir s'il serait trop bas ou trop haut, pour ne pas être obligé de déranger ses racines, en soulevant l'arbre, comme font en partie toutes les personnes qui plantent des arbres. Il est cependant facile de croire que soulevant les racines et les refoulant pour les emplir de terre, elles ne sont plus à leur place, et ne peuvent plus remplir le but que l'on se proposait de leur faire tracer dans le sol naturel ; elles tendent, au contraire, à s'enfoncer profondément , et bientôt elles atteignent le mauvais sol et font languir l'arbre.

Du choix des arbres pour plantation.

Lorsque l'on fait un choix d'arbres pour plantation, presque tous nos cultivateurs s'attachent aux plus gros, aux plus vigoureux, qui sont souvent plus incertains à la reprise que les petits; il est cependant très facile de comprendre qu'un jeune arbre, très gros et très vigoureux, accuse un bon sol, d'abord, et une grande perte dans ses racines, lors de sa transplantation, attendu qu'il n'a développé que trois ou quatre grosses racines pivotantes, qui ont fait périr toutes les petites qui les environnaient; ainsi qu'une branche gourmande qui détruit ses voisines. Le pépiniériste ne manquera pas de le vanter à son client, qui se croit heureux de l'avoir et le paierait même quelque chose de plus qu'un autre plus petit, qui aurait cependant plus d'avantages, attendu que ses racines sont plus nombreuses et plus étendues dans la couche labourable, ce qui permettra de le planter avec des racines plus longues et plus nombreuses et des plaies moins cicatrisées; de plus, comme les branches se trouvent en rapport de la racine, elles seront

1.

également plus nombreuses et plus favorisées
au développement des yeux au printemps. •
Je viens de parler des arbres d'une pépi-
nière de deux ans, car si des arbres étaient
gros par suite des années, on éprouverait un
obstacle à la réussite ; les fibres ligneuses se
sont d'autant plus resserrées et durcies que le
calibre des vaisseaux sèveux se trouve d'autant plus sensiblement diminué , que la sève
circule avec difficulté sous une écorce ru-
gueuse et gercée comme sont presque tous
les gros arbres; en supposant que dans un
terrain extrêmement riche en humus, ces
arbres reprendraient étant plantés avec précaution, l'on serait obligé de les recéper à
25 ou 30 centimètres pour leur faire pousser
des branches latérales dont ils seraient dépourvus; car il serait rare de les trouver autrement dans les pépinières, si l'on voulait faire
de bons espaliers ou de bonnes quenouilles.
Ce recépage, indispensable pour les principes
de l'arbre , a le grand inconvénient de
faire une énorme plaie et l'endurcissement
dans la partie du plus gros diamètre de la
tige et ses yeux éteints dans le bas de l'arbre:
ce sont autant d'obstacles qui entravent la
marche de la sève et entretiennent l'arbre dans
une vie languissante. Je pourrais citer pour

exemple un arboriculteur de Montreuil et en même temps pépiniériste, qui achète de vieux arbres aux jardiniers et cultivateurs pour les vendre aux bourgeois dont ils ne manqueront pas de flatter l'opinion , jusqu'à ce qu'ils en aient connu l'abus ; car jusque là, le propriétaire qui a tant le désir de voir ses murs garnis, ne manquera pas de s'extasier devant un arbre qui a des tiges de 20 à 25 centim. de circonférence , principalement lorsque le pépiniériste a la hardiesse d'assurer la reprise et la réussite d'une production de fruits dans la première année de plantation, comme il dit, si l'année est favorable et que le jardinier en ait soin; mais alors l'année pour ces arbres sera infailliblement mauvaise ou le jardinier n'en aura pas eu soin, car il n'est pas possible que les fruits viennent complètement à l'état de maturité. Cela s'explique et se comprend très bien : lorsqu'un arbre est garni de boutons à fruits, dans sa transplantation , il est certain que l'effet de la sève au printemps suivant , ne manquera pas d'épanouir ses boutons à fruits et à feuilles, et que celle-ci absorbera assez de nourriture et de fraîcheur pour soutenir ses fruits plus ou moins longtemps , selon que l'arbre sera spongieux ou dur et la température sèche ou humide; mais tout le monde comprendra que la racine n'est plus en rapport avec la branche, puisqu'il en est resté une partie dans la terre en l'arrachant, et que toute sa charpente est restée dans son état naturel. Cet arbre sera donc forcé de laisser tomber ses fruits lorsqu'ils demanderont progressivement de la nourriture qu'il ne pourra pas leur fournir puisqu'il n'a pas de quoi se soutenir lui-même.

Je cultive de ces mêmes arbres qui ont trois et quatre années de plantation, malgré tous mes soins ils ne donnent que des rameaux qui ne permettent que de loin en loin une taille encore à peine assurée, et ne produisent que des fruits détestables à la vue et qui tombent avant leur maturité; tandis qu'à côté, de jeunes et vigoureux poiriers, pommiers et autres, nous donnent de beaux et bons fruits et des rameaux d'une bonne force et d'un bon espoir pour l'avenir. Depuis longtemps, j'ai eu la conviction qu'il était plus avantageux de faire choix d'arbres d'un an de greffe sous plusieurs rapports : 1° Un jeune arbre a les racines moins longues et moins grosses, de sorte qu'il y a moins de perte dans la suppression de sa racine lors de sa plantation, et les plaies seront moins cica-

trisées ; 2° en recépant la tige, comme je l'ai
déjà dit, à 25 ou 30 centimètres du sol, les branches latérales pousseront naturellement,
attendu que les yeux ne seront pas éteints
comme à la deuxième année; 3° la plaie sur
cette tige ne sera pas non plus aussi dangereuse qu'elle le serait plus tard; enfin, il y a
tous les avantages faciles à comprendre. Or,
si, par exemple, les pépiniéristes, au lieu de
laisser pousser les greffes en baguette d'un
mètre de hauteur pour donner une apparence
à leurs arbres, pinçaient le bourgeon de
la greffe aussitôt qu'il a atteint la hauteur de
30 centimètres en n'enlevant que l'extremité
la plus minime seulement, le sujet n'éprouverait aucune crise dans l'économie végétale,
la sève continuerait sa marche en grossissant
et allongeant ce nouvel être d'une feuille à
l'autre, et ferait sortir dans leurs aisselles des
bourgeons qui se mettront en rapport avec la
tige qui permettrait à la taille prochaine d'établir le même principe que l'on établirait, quelques années plus tard après leur plantation, par
le recépage que j'ai indiqué plus haut pour
faire sortir des yeux éteints. Ainsi, quelle
chance de succès y aurait-il d'avoir dans une
première année et dans le bas de son arbre
une première série de branches qui serait aug-

mentée chaque année au besoin que l'on aurait suivant la forme et la charpente que l'on voudrait donner à l'arbre; ce principe ainsi établi ne manquerait jamais de maintenir son équilibre lorsqu'il serait conduit par une main habile. Les branches charpentières seraient établies en même temps que leur pied, les canaux séveux seraient établis si naturellement que la sève n'abandonnerait jamais son cours naturel si une main maladroite ne venait pas entraver sa marche. Un tel arbre, suivi dans les principes que je vais indiquer plus loin, ne manquera pas lorsqu'il sera gros d'être avantageux à un propriétaire qui serait pressé de récolter des fruits, si l'on prend toutes les précautions de l'arracher avec autant de racine possible , et de le tenir dans un état de fraîcheur en été , en répandant de l'eau sur les feuilles en forme de pluie, à l'aide d'une pompe à main, ou à défaut un arrosoir à pomme fine: il faut ensuite savoir le ménager dans le cours de sa végétation, et favoriser ses branches nourrices ou ses boutons à fruits.

Nature des sujets à choisir pour plantation.

Dans un terrain où la végétation est faible, il est très avantageux de planter des arbres greffés sur franc plutôt que sur des nains, attendu qu'ils se défendront du mauvais sol avec plus de résistance ; mais dans une terre d'une qualité à produire une forte végétation, il sera plus avantageux pour les personnes qui ne savent pas maîtriser un arbre et le faire produire à leur gré, de planter des sujets greffés sur des nains ; ce sont les espèces qui vivent le moins longtemps , mais qui sont les plus promptes à produire des fruits, et qui supportent le mieux la négligence et les mauvais traitements.

Pour moi je ne fais aucune exception des natures de terre, partout et dans toutes les circonstances je me plais à planter sur franc, attendu que je récolte aussitôt que sur d'autres espèces, et que mes arbres auront l'avantage d'avoir deux ou trois générations de nains, et de plus un arbre qui tiendra à l'avenir la place de deux ou trois arbres nains, et qui se fera admirer par sa beauté, sa grandeur et le volume de son fruit qui sera favorisé par les racines qui auront les facultés de parcourir les couches souterraines pour y puiser les suc nourricier.

PRATIQUE RAISONNÉE DE L'ARBORICULTURE EN GÉNÉRAL

PREMIÈRE PARTIE.

Connaissance et description des arbres à pépins.

POIRIER (*pirus*). Le poirier est un arbre connu de tout le monde; on en distingue, en général, de deux espèces : l'un sauvage dans les bois et l'autre cultivé dans nos vergers. Les poiriers ont des fleurs roses garnies d'une vingtaine d'étamines, au milieu desquelles est un pistile composé d'un embryon et de styles. Cet embryon devient un fruit charnu, succulent, plus mince vers la queue que vers l'autre bout, où il est garni d'un nombril formé par la découpure du calice. Ce fruit est de forme, de couleur et de saveur selon son espèce; on trouve dans son intérieur cinq loges remplies de dix pépins oblongs, et l'on distingue quatre membranes, dont la première est l'épiderme, la seconde tissu musqueux à cause d'une certaine viscosité, la troisième tissu pierreux, et la quatrième tissu fibreux. Les feuilles des poiriers sont lisses, peu ou point dentelées sur les bords entiers, superposées par des queues assez longues et placées alternativement sur les branches.

Description de la branche. Les branches sont les bras pliants et élastiques du corps de l'arbre : ce sont elles qui lui donnent la figure selon la forme que l'on donne à l'arbre. On distingue des maîtresses branches ou mères branches, des branches à bois et à fruits, des branches chiffonnes, branches gourmandes, branches veules, aoutées et des branches de faux bois.

Les branches mères sont les premières, sur ces premières sont placées les sur-mères et sous-mères, et c'est de ces trois sortes de branches que dépend la répartition de la sève, l'équilibre de l'arbre ; c'est là l'embarras et la difficulté de presque tous les arboriculteurs ; cependant le secret est bien simple, quoiqu'il faille connaître la physiologie végétale ou en partie.

Des vaisseaux propres. Les vaisseaux sont des canaux creux qui s'élèvent dans toute la longueur de l'arbre et contiennent tout le suc particulier à chaque arbre ; dans les uns c'est une gomme, et dans les autres c'est un sirop; ce suc extravasé dans certaines parties des branches d'un arbre, les fait quelquefois périr comme on le voit souvent dans les branches de l'abricotier surchargées de gomme; ces vaisseaux contiennent une sève qui diffère peu de l'eau pure, dans bien des espèces d'arbres : exemple la vigne qui en donne une grande quantité lorsqu'elle pleure au printemps.

Du bourgeon. Le bourgeon est une éminence que l'on voit sortir d'un œil animé; à son premier mouvement de sève il se développe un faisceau de feuilles qui se trouvent rangées et couchées autour d'une tigelle. Avec une belle industrie cette tigelle pousse et produit des feuilles jusqu'à la fin de son accroissement; c'est alors qu'elle devient rameau, et perd son nom de bourgeon, et que l'année suivante elle perdra son nom de rameau pour prendre celui de branche, parce qu'elle produira à son tour de nouveaux bourgeons.

Du bouton. Le bouton est un petit point rond qui vient le long des branches, d'où sortent les fleurs qui doivent produire des fruits et des bourgeons qui produisent des branches; c'est pourquoi on appelle boutons à fruits et boutons à bois; c'est pendant le cours de l'été que se forment peu à peu dans les aisselles des feuilles, ces boutons ordinairement d'une forme conique que l'on aperçoit en hiver sur les jeunes branches; non seulement les boutons de chaque genre d'arbre ont des formes particulières , même souvent

ies boutons de chaque espèce ont une remarque particulière, qui, bien observée, suffit à beaucoup d'horticulteurs pour distinguer les espèces. Il y a plusieurs sortes de
boutons ; mais seulement deux espèces, les
boutons à fruits et les boutons à bois; mais
le bouton à bois peut se métamorphoser en
bouton à feuille ou à fruit, suivant les circonstances que le hasard ou la main de l'homme
lui apportera, comme le bouton à fruit peut
développer une branche à bois, selon les
circonstances de la distribution de la sève
dans les vaisseaux de la racine ou de la branche, car ce sont les mêmes qui se réunissent
dans le pédicule des feuilles, et se distribuent
ensuite en plusieurs gros faisceaux qui se sub-
divisent en une prodigieuse quantité de ramifi-
cations, qui forment un réseau qu'on peut re-
garder comme le squelette des feuilles. Les
boutons qui sortent des branches et des racines
ont la même organisation, ce sont autant de
petites plantes entières dont les parties sont
repliées les unes sur les autres et ne se développent que tour-à-tour. Il y a des degrés ou
des diminutions d'avancement, qui vont
pour ainsi dire à l'infini : la bonté et la pru-
dence du Créateur n'éclatent pas moins dans ce
ménagement que sa puissance même, puisque
non seulement il nous donne d'excellents

fruits cette année, mais qu'il nous en réserve encore une quantité semblable pour l'année prochaine, en empêchant par une préparation inégale tous les boutons de s'ouvrir à la fois.

Multiplication des arbres par la Greffe.

Quel effet merveilleux ne produit point la greffe, avec quel plaisir ne voit-on pas son opération, qui change un mauvais arbre en un plus parfait ou embellit un même arbre de plusieurs variétés du même fruit ? Cet art consiste à adapter une branche ou un bouton avec son écorce, sur l'arbre que l'on veut perfectionner; il est essentiel que le sujet sur lequel on opère soit d'une nature un peu analogue avec la greffe de l'arbre que l'on y applique, car ne voit-on réussir que les greffes de pépins sur pépins et de noyaux sur noyaux. Il y a quantité d'autres rapports qui sont encore essentiels, ce sont les ressemblances dans le grain des deux bois et dans la saveur, l'odeur et la qualité des sucs propres. Il est difficile de réussir à des arbres auxquels la sève, la floraison et la maturité du fruit paraissent se mettre en mouvement dans des temps différents; la greffe peut se pratiquer depuis février jusqu'en septembre.

1° *La greffe en fente* se pratique au

premier mouvement de la sève au printemps, mais il est bon de cueillir les greffes quelque temps d'avance et les piquer dans la terre à l'abri du nord, attendu que les jeunes pousses dont l'on est obligé de se servir, sont toujours plus avancées que la tête du sujet que l'on greffe. Lorsqu'un arbre à greffer ne dépasse pas une certaine grosseur, je le fends pour insérer mes greffes en lame de canif, et je fais coïncider le liber de la greffe à celui du sujet ; mais lorsque l'arbre est gros et difficile à fendre, je taille mes greffes d'un côté seulement en bec de flûte, et l'introduis entre l'écorce et l'aubier, et je recouvre la plaie du sujet avec de l'onguent de saint Fiacre ou de la bouse de vache mêlée de terre franche, et quelquefois un linge par dessus, sans plus de cérémonie. Mes greffes m'ont toujours bien réussi: c'est la greffe dite en couronne; elle est très avantageuse. Lorsqu'un gros arbre est d'une espèce qui ne convient pas, on p eu le scier à cinq ou six centimètres du sol et lui insérer des greffes en couronne autant que l'on voudra sans rien endommager ; on obtient d'un seul coup et du même principe une couronne de branches très bien disposées à faire un beau vase, qui par leur quantité ne manquent pas bientôt de cacher la plaie à leur base.

2° *Greffe en approche.* Elle ne se pratique rarement dans les arbres fruitiers que pour obtenir une branche dépourvue d'yeux.

3° *Greffe en écusson à œil dormant, pour les arbres fruitiers.* Cette greffe ne s'exécute guère que depuis la fin d'août jusqu'à la fin de septembre ; cependant sur prunier, il faudrait commencer un mois plus tôt, attendu qu'il cesse de bonne heure à végéter, et que l'on doit profiter qu'il est encore en pleine sève, afin que si la première fois on ne réussissait pas, l'on puisse recommencer avant la fin de sa végétation. Pour opérer cette greffe on se précautionne d'un rameau, pris sur un arbre, dont on veut multiplier l'espèce, en cherchant, autant que possible, le plus sain, le plus aoûté et des yeux bien confectionnés. On commence par couper jusqu'à l'aubier l'écorce du sujet que l'on veut greffer, premièrement par une coupe transversale, ensuite par une seconde perpendiculaire à la première, qui fait une incision en forme de **T**. On lève sur le rameau dont l'on a fait choix une petite plaque d'écorce munie d'un œil que l'on introduira sous les lèvres que forme l'incision, et lorsqu'il sera bien ajusté, on entoure l'écusson d'une ligature de laine, sans trop serrer, afin de ne pas gêner le passage de la sève ; cet écusson étant bien pris, ne se développera qu'au printemps ; c'est pourquoi on l'appelle œil dormant. On trouve dans le spectacle de la nature végétale, une idée fort ingénieuse sur la manière dont on peut concevoir ce raffinement de la sève dans le passage de la greffe, ainsi que cette diversité de goûts dans les différentes espèces qui, toutes, tirent leur nourriture de la même terre. Dans toutes mes expériences sur la greffe, il m'en est resté une très avantageuse, mais qui n'appartiendra qu'aux poiriers et pommiers seulement ; au moyen de cette greffe on peut regarnir des arbres qui seraient dépourvus de leurs membres, soit par accident ou défaut de principe établi dans la charpente de l'arbre. Elle ne manquera pas d'être pratiquée dans tous les jardins avant peu de temps, attendu que l'on ne tardera pas à connaître ses avantages.

Il suffit de détacher un rameau dans son talon au printemps, et aux premiers mouvements de la sève, de le tailler en biseau dans une longueur de 4 à 5 centimètres ; ce rameau doit avoir, autant que possible, une courbe à sa base, et la taille sera faite dans la forme d'une greffe en couronne, et du côté qui permettra le mieux de l'appliquer sur la tige de l'arbre que l'on veut greffer, de sorte que la greffe sera préparée et présentée à sa place pour ouvrir une incision, afin d'enlever autant d'écorce jusqu'à l'aubier que la greffe pourra en remplacer; lorsqu'elle sera placée on pourra mettre une pièce ou morceau de laine ou de drap sur l'emboîture de la greffe et l'attacher solidement, attendu que cette greffe peut ne pas être taillée, quand même elle aurait 50 à 60 centimètres de long; car j'ai reconnu sur des arbres vigoureux, que plus le rameau de la greffe était long, plus il était avantageux. Je nommerai cette greffe *Greffe d'application.*

EXPOSITION PRATIQUE

DES DIVERSES OPÉRATIONS DE LA TAILLE.

La taille a pour but de donner plus d'abondance, de propreté et de durée aux arbres fruitiers; elle est le chef-d'œuvre de l'art de l'arboriculture, c'est elle qui débarrasse l'arbre de ses branches chiffonnes, qui fait tomber toutes les branches fruitières épuisées et retranche toutes les productions inutiles; c'est elle qui dispose avantageusement les branches à venir, et qui conserve les boutons à fruits et ceux qui paraissent le devenir;

c'est de la taille également que tient la figure de l'arbre et le réparti de la sève dans toute sa charpente lorsqu'elle est bien établie; mais pour cela, il ne s'agit pas de donner aux arbres des proportions ou régularités , comme font beaucoup d'amateurs, qui n'ont d'autre but que celui de parer leurs arbres par les moyens de se servir de toutes les branches que la nature leur produit, afin de flatter le coup-d'œil, au risque d'une faible ou mauvaise production de fruits. De nombreuses expériences m'ont prouvé que le cultivateur le plus intelligent ne pouvait réussir à la production du fruit, à la régularité et à la conservation de son arbre, s'il ne sait pas faire sortir et établir les principales branches qui constituent la charpente de son arbre, et en favoriser les branches à fruits; car il est à la vue de tous les cultivateurs d'arbres, que dans presque tous les jardins on voit des arbres dépourvus de branches dans le bas et de très faibles à côté de très vigoureux. Cela ne tient presque toujours qu'aux mauvais principes d'établir des bras supérieurs qui se nourrissent au détriment des inférieurs, et les appauvrissent d'une manière à ne leur laisser produire que des feuilles et des fleurs et non des fruits ou des fruits détestables.

Cela se comprend facilement ; lorsque l'on plante un arbre en espalier, de telle nature qu'il soit, on a pour habitude de le laisser dans la position que le pépiniériste l'a fourni ; mais le pépiniériste qui fait son état sans étudier l'intérêt du propriétaire, fait des arbres qu'il allonge par sa taille pour donner une apparence à l'arbre, ce qui flatte toujours l'acheteur ignorant ; il en résulte que tous les jeunes arbres se trouvent dépourvus de branches dans le bas par le défaut du pépiniériste, de sorte qu'un tel arbre planté dans cette position, si l'on veut en faire un espalier, on manque de branches convenables pour garnir le bas du mur. Sans savoir ce que l'on fait, on abaisse les branches du haut pour remplacer celles qui n'existent pas, de sorte que l'intérieur de l'arbre se trouvant dégarni, on tire des branches voraces et gourmandes qui prennent croissance sur les premières, et ainsi de suite on parvient avec plaisir à garnir l'intérieur de son arbre sans s'apercevoir qu'au fur et à mesure que l'on multiplie les bras ou les maîtresses branches, on arrête les progrès de la branche de dessous ; car il est facile de voir que lorsqu'une branche a pris naissance sur une autre, elle ne manque pas de s'élargir à sa base et de faire un empâtement qui enveloppe le corps de celle qui la porte. Il est évident que toutes les fibres cellulaires qui montent et descendent la sève ne se trouvent pas prises dans l'empâtement de cette branche supérieure. Il est bien vulgaire que cette branche est entièrement arrêtée, puisque les fibres cellulaires qui l'enfilaient d'un bout à l'autre sont arrêtées au pied de sa supérieure qui s'en est emparée avec avidité pour continuer ses proportions démesurées ; mais qu'arrivera-t-il un jour lorsqu'elle sera fixée à la place qu'elle doit occuper, une pareille chose viendra rompre ses canaux séveux lorsqu'une autre prendra l'avantage qu'elle avait eu sur l'autre, ainsi de suite. Il arrive que les branches du haut sont toujours plus grosses et plus longues que celles du bas ; cependant, dans le vrai principe cela ne doit pas être : puisque les branches du bas sont les premières, elles devraient être les plus grosses et les plus longues, et avoir des fruits en rapport de leur position, au lieu d'en produire de si maigres et pierreux, tombant souvent avant leur maturité.

DE LA TAILLE PROPREMENT DITE.

Principe en espalier éventail.

Pour obvier au défaut dont je viens de parler, il faut, lorsqu'un arbre est planté et dépourvu de branches à sa base, le couper à 25 centimètres du sol, afin d'obtenir une série de branches pour les premiers principes que doit tenir la charpente de l'arbre, en ayant soin d'observer la forme que l'on veut lui donner, afin de favoriser les jeunes rameaux dans le cours de leur végétation au rapport de la forme à prendre. De toutes les formes je n'ai toujours usité que la forme palmette et celle en éventail qui est la préférable, mais la plus difficile à gouverner; mais cette forme a l'avantage de vivre plus long-temps et de faire un arbre admirable. Lorsqu'il est bien conduit on doit avoir obtenu la première année une couronne de branches en forme d'un éventail, sur lequel on assoiera la première taille à une hauteur suivant la force des branches, en n'en laissant pas plus d'un côté que de l'autre. On doit avoir deux branches principales en parallèle en forme d'un U, qui serviront à fournir des bras chaque année au fur et à mesure de leur accroissement. Comme ces deux branches auront une tendance à s'emporter et qu'elles pousseraient inutilement en hauteur, puisque l'on serait obligé de les tailler assez court pour faire développer un rameau tous les **18 à 20** centimètres, que l'on disposerait à faire des bras horizontaux ; on devra , dans ce cas, par le pincement, arrêter les branches-mères, et l'on obtiendra par ce moyen les bras horizontaux désirés ; les premiers seront pris à la hauteur suivant le nombre des branches qui ont développé en même temps sur la tige, et même suivant les secondes que l'on aurait tirées de ces premières ; comme les branches mères sont toujours inclinées un peu verticales, afin que la sève puisse les enfiler d'un bout à l'autre plus librement , elles ne manqueront pas de s'éloigner l'une de l'autre : c'est alors qu'il faudra opérer la taille à faire sortir une branche en dessous pour faire une branche secondaire qui remplira l'écartement d'une branche à l'autre.

J'observerai que toutes les fois que l'on veut établir un membre dans l'intérieur, l'on doit le faire sortir en dessus d'une branche mère, si l'on veut une sous-mère, ou en dessous une sous-mère, si l'on veut une secondaire ; on peut de cette manière garnir un arbre à la hauteur que l'on voudra, sans déranger ni altérer aucune partie, mais il ne faudrait pas, lorsque l'on aurait besoin de

plusieurs branches à la fois, prendre des se-
condaires des sous-secondaires : il faut les
tirer toutes des branches sous-mères. Les
deux branches mères qui grandissent tous les
ans pour fournir des sous-mères, arrivent un
jour à la hauteur que l'on leur a assignée ; là
on leur fera prendre la marche du dernier
cordon, en ayant la précaution de le coucher à son état encore herbacé. Si les deux
branches charpentières se trouvaient trop
éloignées l'une de l'autre, on aurait conservé
quelque branche en dedans pour remplir ce
vide; mais ces branches qui ont peu à parcourir et qui ont toutes les facultés de pouvoir
s'emparer d'une grande partie de sève, seraient
dangereuses si l'on n'y mettait pas arrêt.
Le plus beau travail pour mettre arrêt à leur
voracité sans éprouver une perturbation de
sève, est de greffer leur extrémité en approche sur les branches charpentières ou de
rompre les canaux sèveux à leur basse, à
l'effet d'un trait de petite scie à main qui enlève l'écorce jusqu'à l'aubier; cette plaie
malsaine sera longtemps à se couvrir et forcera la sève à prendre une autre direction.
L'arbre arrivé ainsi à l'état de complexion de
tous ses membres, il est facile de voir que rien
ne peut entraver la marche de la sève dans
aucune partie de l'arbre; pas une branche ne

peut se nourrir au détriment de l'autre,
d'après leur principe établi en dessous, car il
n'est pas possible que le talon de la branche
puisse envelopper une grande partie de celle
qui la tient, et quand même, puisque c'est dans
l'intérieur des branches que coule le plus
abondamment la sève, c'est dans cette superficie que les fibres cellulaires jouent leur plus
grand rôle, attendu qu'elles sont favorisées par
l'absorption des feuilles aériennes qui décom-
posent et désagrégent les sécrétions atmosphériques. Ces quantités de sève que contient
l'intérieur des branches charpentières ne
doivent avoir aucun arrêt depuis la racine
jusqu'à leur sommet, si la suppression des
bourgeons inutiles est pratiquée comme je l'in-
diquerai à l'article ébourgeonnage. D'après tous
les principes ici décrits il ne reste que la taille
d'hiver, que les branches nourrices ou à fruits
à nettoyer de leurs mauvais boutons, qui
nourriraient des fleurs et des fruits pour
les laisser tomber en pure perte, au préjudice
de ceux qui viennent en maturité, et sur les
mêmes branches il y a à retrancher une
quantité de faux bois, qui rend la sève sta-
gnante et empêche la saveur du fruit; il faut
une grande expérience pour cette exécution.
De là on revient à la taille des chefs de file que

l'on doit roguer suivant leur position, car il arrive souvent qu'une branche peut avoir souffert dans le cours de sa végétation, et se trouve en retard sur ses voisines qui en ont profité; c'est alors qu'il ne faut pas tailler la branche faible, attendu que l'œil terminal naturel a un grand avantage de pousser plus tôt et avec plus de vigueur au printemps; tandis qu'une branche qui pousse de trop et que l'on voudrait retarder par la taille, on examine les yeux de la branche et l'on assied sa taille sur le plus faible et près du talon de la branche, attendu que plus les yeux s'éloignent de l'œil terminal, moins ils sont vigoureux. Il est à observer que l'on doit toujours se servir d'un œil placé derrière la branche qui fait face au mur, ce qui l'obligera à revenir sur sa plaie et lui faire prendre une meilleure direction que s'il était en avant ou sur les côtés. Si dans le cours de sa végétation il prenait encore un trop grand accroissement, il faut le pincer aussitôt qu'il aura quinze ou vingt centimètres, mais toujours dans l'extrémité des feuilles; cette opération, répétée plusieurs fois, lui donnera un grand retard et préparera ses yeux en boutons à fruits, mais il ne faudra pas manquer de supprimer tous les bourgeons anticipés que ces suppressions feront développer. On devra aussi palisser strictement tous les jeunes rameaux qui tenteraient un emportement, et on laissera au contraire en liberté tous ceux qui paraîtraient languir, ou si l'on était obligé de les attacher on leur donnerait une direction verticale autant que possible.

De la forme en palmette.

Pour un arbre en palmette il faut obtenir trois branches de quinze à vingt centimètres au-dessus de la greffe, dont les deux de chaque côté de la tige feront les premiers bras horizontaux et la troisième continuera la tige verticale; lorsque le bourgeon vertical aura quinze centimètres de long, on le pincera dans l'extrémité de ses feuilles, ce pincement fait obtenir une couronne d'yeux posés sur la cicatrice du pincement, par l'effet d'un second rameau qui s'est posé à la place de la partie enlevée.

On pincera encore une fois à la même distance, si la force du rameau le permet, pour favoriser les deux premiers membres du bas, et en même temps pour faire préparer les yeux de cette première couronne qui seront tout prêts à sortir, lorsque l'on viendra asseoir sa taille à quelques centimètres au-dessus. Au premier printemps on obtiendra très facilement deux branches de chaque côté et bien en face l'une de l'autre, comme si elles avaient été posées par deux écussons, et un troisième paraîtra sous la même forme de celui de l'année dernière ; en pratiquant les mêmes principes on obtiendra toujours les mêmes résultats , quand même on ne tiendrait pas à faire partir ces deux branches opposées sur la couronne du pincement ; on sera toujours obligé de pincer une fois ou deux le bourgeon de la flèche qui a une tendance en nageant dans l'air, son élément naturel, pour prendre un accroissement d'une longueur démesurée au préjudice des branches du bas, d'autant plus qu'il faudra descendre la taille assez bas sur cette tige, afin de faire partir les deux membres horizontaux. Il est facile de comprendre qu'un pincement donne un retard à la pousse, et procure l'avantage d'avoir sa taille sur une deuxième pousse qui possède des yeux bien plus faibles que ceux de la première, et que la plaie sera également moins cicatrisée ; il faut avoir soin de palisser les rameaux qui terminent les branches charpentières au fur et à mesure de leur accroissement. Beaucoup d'horticulteurs croient de cette manière priver la branche

de sa longueur; mais je prouverai le contraire d'une manière incontestable en citant
pour exemple les arbres que je cultive chez
M. Deaux, propriétaire à Montreuil-sous-
Bois, rue Marchande, 62, et plusieurs autres
du même endroit que je pourrais faire voir
au besoin ; ainsi, comme je viens de le dire,
toutes mes branches horizontales ont été pa-
lissées au fur et à mesure qu'elles le permet-
taient dans la direction naturelle qu'elles doivent tenir, afin de ralentir la sève dans sa marche, qui n'empêchera pas le prolongement du
bourgeon, mais qui diminuera au bout sa
grosseur; seulement, comme la grosseur
d'un rameau n'est pas à préférer à sa longueur et à l'état de ses yeux, il y a grande
compensation en faveur de cette diminution
de grosseur. 1° Ne parlant que des branches
vigoureuses, toutes les personnes qui taillent
des arbres savent qu'un rameau vigoureux a
toujours ses yeux presque éteints à sa base, et
que ceux de son sommet sont toujours les
plus nourris, les plus forts et plus prompts
au développement, soit à fruit ou à bois : cela ne tient que parce que la sève tendant toujours à se porter dans le sommet du bourgeon
avec rapidité, abandonne les premiers yeux
pour créer plus loin, et lorsqu'arrive l'au-

tomne qui oblige le ralentissement de la sève,
elle reste dormante en s'éteignant dans les
sommités du rameau, ce qui fait gonfler les
yeux dans cette partie et les prépare si bien
au développement au printemps ; 2° il est facile de voir que l'on est forcé de faire une
faute, si l'on fait une longue taille, on sera
forcé de l'asseoir sur ces yeux si avantagés,
qui, se développant les premiers, entraîne-
ront la sève avec force, et feront éteindre les
faibles du bas : il en résultera alors une gau-
lette. Si, comme font presque tous les horticulteurs, on vient asseoir sa taille auprès de
ses faibles yeux pour les faire développer, ils
se développeront avec certitude en branches
à bois que l'on sera obligé de détruire après
qu'ils auront dépensé une quantité de sève
inutilement, ou si on les supprime dans leur
état herbacé, on forcera les boutons à fruits à
devenir branches à bois : non-seulement on
a perdu des boutons qui promettaient des fruits
pour les années précédentes, mais on a établi des plaies, des cicatrices qui rendurcissent
la branche, empêchent de circuler la sève et ne
donnent que de mauvais fruits bien des années
plus tard, au lieu qu'un rameau palissé au
fur et à mesure de son accroissement permet
la sève de favoriser les yeux à sa base par la

lenteur de la marche, et sa tendance verticale occasionnée par les fruits, afin de lui communiquer ses nutritions absorbées de l'oxigène de l'air. Très souvent même je pince l'extrémité pour entretenir la sève plus longtemps dans cette partie ; aussi il m'arrive très souvent d'obtenir des boutons à fruits dans le cours de la végétation sur les bourgeons d'élongation; je taille sur ces rameaux cinquante à soixante centimètres de long, et tous les yeux en général sur cette branche se prononcent en branches à fruits, au lieu de branches à bois comme il arrive partout, ayant cité pour preuve plusieurs jardins de Montreuil-sous-Bois.

Quelques personnes pourraient croire que le terrain m'a favorisé; mais je citerai, en même temps, les jeunes arbres de M. Dagneau, marchand de plâtre à Magny (Seine-et-Oise), que je ne cultive que depuis un an, et qui presque tous ont des boutons à fruits bien prononcés, sur les jeunes pousses d'élongation de l'année même, sur lesquelles je taillerais très long, et même pas, sans craindre qu'il ne s'établisse aucun vide sur ces branches, puisque tous les yeux sont de nature à produire des boutons à fruits. Les mêmes faits existent dans le jardin de

M. Amette, mon beau-père, que je ne cultive que depuis deux ans; ces arbres n'a-
vaient jamais été traités que par mon beau-
père, dans ses moments de délasse-
ment; il n'avait même jamais pratiqué
que son état de pompier et plombier, et
son nom et ses talents s'étendent trop loin
pour lui permettre de pratiquer de temps en
temps ses petits moyens à ses arbres; il les
laissait souffrir pour satisfaire aux prières
de ses clients. Le bonheur qu'il éprouvait de
son jardin et sa passion pour ses arbres, lui
avaient procuré quelques moyens, mais
l'essentiel de son état ne lui permettait pas
de les mettre à exécution. Aussi il m'a abandonné ses arbres dans une triste position;
une grande partie ne poussaient presque plus,
d'autres poussaient, mais ils n'avaient qu'une
moitié ou des bras dégarnis, qui ressem-
blaient à des gaulettes. Enfin, mon beau-
père désespérant d'une partie, il en a coupé
à 7 ou 8 centimètres du sol, et posé de
greffe en fente, qui, du reste, ont très bien
fait, car ses greffes ont donné un développement aux racines, et ne laissent rien à désirer.
Il voulut continuer son opération sur des gobelets de dix années de plantation, qui n'a-
vaient atteint que la hauteur de 1 mètre et

qui n'avaient jamais produit un fruit, lorsque j'ai prié mon beau-père de ne plus s'occuper de ses arbres, en lui assurant qu'ils étaient en état de répondre à ses désirs sans autre opération que la taille, l'ébourgeonnage et le pincement, en lui assurant même de doubler leur volume en hauteur et en largeur en l'espace de deux années, et lui promettant des fruits produits sur ma première taille, dans la deuxième année. Mon beau-père et quelques personnes qui étaient avec lui se regardèrent en se demandant quel pouvait être mon pouvoir aussi créateur sur des arbres aussi dépourvus de branches à fruits, aussi rendurcis et n'ayant toujours produit que des branches à bois; il faut que ce soit de lui pour y croire. C'est alors que je leur ai observé, que lorsqu'un arbre a de bonnes dispositions pour bien pousser, et qu'il présente des rameaux dont les yeux n'ont pas été favorisés dans le cours de la végétation, les personnes qui taillent n'osent tailler long, parce qu'elles sont certaines d'occasionner des vides sur leurs branches ; mais comme elles ignorent un mal bien plus grave, de tailler trop court, qu'elles croient, au contraire, un avantage de faire développer les yeux près de s'éteindre en branches à bois, personne ne manque d'y arriver ; comme je l'ai déjà dit, ces productions de branches n'occasionnent que des cicatrices autour de cette jeune branche charpentière, qui se sèche d'une certaine épaisseur dans le cours de l'été et qui se trouve cachée dans le cours des années suivantes ; ainsi quand ces branches se trouvent garnies d'une infinité de plaies qui ont formé un bois noueux, un bois à rebours, que la sève ne peut enfiler directement, elle reste stationnaire dans différentes parties, suffoque la racine en lui empêchant l'absorption d'une sève que la partie aérienne devrait occuper, et c'est alors qu'un arbre cesse de pousser vigoureusement, quoiqu'ayant de grands moyens. Rien ne peut être mieux prouvé que par les arbres dont je suis en train de parler : les formes de gobelets ou vases ont produit plus de volume en hauteur et en largeur que je n'ai promis à mon beau-père et aux personnes qui étaient avec lui, et les fruits se faisaient admirer par leur volume, les mêmes principes ont fait le même effet sur toutes les espèces d'arbres à fruits et à pépins ; les greffes dont je viens de parler sont dans leur troisième année de pousse, et sont à 1 mètre 60 centimètres de hauteur, en forme de pain de sucre et en état d'une grande production de fruits, entre autres une forme de palmette, également dans sa troisième année , d'une contenance de 2 mètres carrés, et annonce pour l'année prochaine une grande production de fruits ; sa végétation n'est qu'en moyenne, mais par mon intérêt de mettre la sève à profit, j'obtiens chaque année une taille prodigieuse.

Tout ce que je viens de dire est à la connaissance de toutes les personnes qui ont jeté leur coup-d'œil à travers une haie sèche qui laisse entrevoir une partie des arbres, qui ne manque pas d'amener leur curiosité jusqu'au pied de cette haie, qui ferme un côté du jardin , faisant face à un chemin très passager.

De la forme en quenouille.

Comme les pépiniéristes ont pour habitude de fournir des quenouilles dépourvues de branches à leur base, je conseille de les rabattre à 30 centimètres du sol, afin de faire développer une première série de branches dans leur première année de plantation; ces jeunes bourgeons ne manqueront pas d'être faibles, non seulement à cause de la transplantation de l'arbre, mais aussi d'avoir été produits par des yeux presque éteints; c'est pourquoi l'on devra calculer le nombre des cour-

sons que l'on doit conserver, afin de supprimer le superflu, lorsqu'ils sont à la hauteur
de 1 ou 2 centimètres, en foulant leur extrémité avec le bout du doigt pour la rompre, sans endommager leur talon , sur lequel ne manquent pas de s'établir des boutons
à fruits, au lieu d'une plaie, si on les laissait prendre un développement au détriment de ceux qui doivent rester. Il ne faut
pas laisser pousser les branches, dites coursonnes, trop serrées contre la tige ; on peut
les écarter au moyen d'une petite pierre à
leur base dans leur état herbacé, ou à un
brin de bois en arc-boutant, afin de leur
faire prendre une direction naturelle. La première taille se fera selon la constitution des
premières branches, car il me serait difficile
d'assigner de justes limites ; la partie de la taille
offre tant de difficultés et de délicatesse, que
la plume ne peut marquer qu'imparfaitement
des conseils absolus, car j'observerai que
l'on doit agir suivant les différentes lois
des différentes natures de terres et des différentes natures de sujets : il est certain qu'un
principe peut être très avantageux dans un
endroit et désavantageux dans un autre, c'est
pourquoi j'engage si souvent à consulter la
nature du sol et du sujet avant que d'opérer.

Mais enfin, arrivé à la première taille de notre quenouille, on aura soin de détruire tous les bourgeons inutiles de la manière indiquée au développement des bourgeons de l'année dernière, et autant que possible, la deuxième série de branches devra se trouver en échiquier avec la première, et la troisième avec la deuxième, et ainsi de suite, ce qui permettra aux branches d'être tout aussi favorisées l'une que l'autre de l'atmosphère de l'air, et aux fruits de ne pas se trouver masqués par la première branche du dessus ou du dessous; à la deuxième taille , on allongera les premières branches autant qu'elles le permettront; mais on taillera plus court celles de la deuxième année , ainsi que la tige , afin de faire passer la sève avantageusement dans les premières, qui sont la base de la forme de l'arbre. On ne doit jamais laisser se développer des bourgeons autour des branches dites coursonnes, qui affameraient le chef de file dans le cours de la végétation et qui , plus tard, obligeraient des plaies cicatrisées lorsque la serpette viendrait les détacher de leur insertion. Il faut tailler les chefs de file en proportion, afin d'occuper cette fougue de sève, qu'elle ne soit pas forcée de se donner jour sur les côtés de la branche, ce qui fait le malheur de l'arbre et la perte des boutons à fruits. Comme mon but n'est pas d'employer du papier sans importance, afin que cette méthode paraisse sous un gros volume, je me bornerai à ne citer que les formes les plus avantageuses et les plus faciles à conduire ; je n'ai pas la prétention de distinguer mes idées, comme tant d'auteurs, en intercalant à chaque espèce de nouvelles formes et de nouveaux principes pour y parvenir ; non, je laisse à la volonté de l'homme toutes les idées intelligentes qui ne pourraient être que plus distinguées par la forme et moins avantageuses pour la production.

Connaissances pratiques du Pommier et du Poirier (*Malus*).

Le POMMIER est un arbre qui se plaît partout, dans les lieux tempérés ou même humides qui ne sont pas trop froids. Sa racine est traçante, elle se plaît mieux dans les terres calcaires et de médiocre qualité que le poirier. La fleur du pommier est admirable par sa couleur blanchâtre et mêlée d'une teinte purpurine ; elles sont disposées en roses et paraissent au mois de mai ; aux fleurs succèdent des fruits qui varient suivant les

espèces; les feuilles sont entières, ordinairement un peu velues par dessous, dentelées et
posées alternativement sur les branches; le
dessous est relevé d'arêtes saillantes, et le
dessus creusé en sillons; les branches sont rameuses et s'étendent plus qu'elles ne s'élevent,
beaucoup se renouvellent en laissant tomber
leur écorce par lambeaux. Le pommier se
met rarement en espalier, mais lorsqu'il y
est soumis, il réclame les mêmes soins que
le poirier; le pincement est en quelque sorte
plus avantageux sur les bourgeons d'élongation : on en fait aussi de très beaux gobelets
ou vases: il faut pour cette forme qu'il soit
greffé sur franc ou doucin. Ces deux espèces
ont une différence comme le poirier franc avec
le coignassier; ainsi ce sont les mêmes traitements que le poirier, mais l'on plante de préférence sur le doucin pour faire des contre-
espaliers et toujours en forme d'éventail et
dans le même principe que le poirier éventail.

Lorsque dans de fortes terres et dans certaines positions, cette espèce serait trop
vigoureuse, l'on se procure des arbres greffés
sur paradis qui restent toujours nains, mais
qui produisent très promptement et continuellement de très beaux et bons fruits. Ils
ne se traitent guère qu'en forme de gobelet ou

buisson ; on taille les lambourdes après qu'ils ont donné leurs premiers fruits, et les chefs de file aux deux tiers de leur pousse, si l'arbre est chargé de fruits, mais plus long, s'il n'en a pas. Cette espèce, qui a des racines comme un chou, craint les coups de bêche ou tout autre instrument qui pourrait soulever la terre à leur pied, attendu qu'il se développe des masses de petites racines à leur base presqu'à la superficie de la terre , et que ce sont ces petites racines qui procurent l'avantage de leur grosseur et de leur saveur, parce qu'elles reçoivent les premières les éléments de l'oxigène de l'air et s'approprient des sucs nourriciers apportés par les soins de la culture. Généralement, tous les arbres n'aiment pas que le fer approche de leur racine, ce qui se voit malheureusement trop fréquemment dans les jardins, principalement les pommiers qui ont tous des racines traçantes ; ils sont aussi les plus sujets à plusieurs espèces de maladies, telles que les chancres, la carie et le blanc lèpre, les glandes, et ses feuilles également exposées à une quantité d'insectes qui les détruisent en partie. (Voyez à l'article *Maladies du pommier.*)

De l'Ebourgeonnement.

L'ébourgeonnement est l'art d'empêcher les bourgeons et faux bourgeons de se développer aux dépens de ceux qui doivent rester; il prévient ces graves inconvénients, maintient l'équilibre de l'arbre et fait prendre de la couleur et du développement aux fruits. Il est donc indispensable de ne jamais laisser prendre un accroissement à ces jeunes bourgeons inutiles qui ont la faculté de recevoir la première sève et de nager dans leur élément naturel puisqu'ils se trouvent tout en avant ; ils sont forcés de prendre un accroissement considérable non seulement au détriment des fruits et des bourgeons qui doivent rester, mais des maîtresses branches qui se trouvent serrées contre un mur ou treillage, qui s'étiolent et languissent sous une forêt de vigoureux scions qui s'emparent de toute leur substance naturelle, pour tomber en pure perte sous la serpette en août ou septembre ; on peut être certain que c'est non seulement une sève dépensée préjudiciablement, mais dont elle a par son incurie privé toutes les parties de l'arbre auxquelles elle était indispensable. J'observerai que sur les arbres à pépins, lorsqu'ils ne sont pas traités dans les principes de taille décrits ici, il y a pour et contre, car l'ébourgeonnement exige un discernement très subtil, parce que les boutons à fruits de cet arbre étant plusieurs années à se former, il a une très grande influence sur eux; il peut les favoriser ou les détruire, par excès comme par défaut, selon la manière dont il sera exécuté; car il arrive très souvent que la suppression d'un bourgeon détermine un bouton à fruit en branche à bois, ou sans supprimer le bourgeon, le bouton à fruit se trouve avorté : cela dépend selon que les canaux séveux se correspondent de l'un à l'autre. Comme je trouve que l'ébourgeonnement n'a pas d'époque déterminée, qu'il commence avec la végétation, et finit de même, on ne doit pas manquer de visiter ses arbres tous les quinze jours au moins, et de pincer chaque bourgeon inutile ou mal placé dans ces dernières feuilles, s'il est de quelques centimètres de long; de cette manière le bourgeon n'éprouve aucune émotion, d'autant plus qu'il continue sensiblement sa végétation. L'accroissement se continue dans la distance d'une feuille à l'autre, et si le bourgeon est pincé en mai ou juin, les yeux se formeront en boutons à fruits dans l'aisselle

des feuilles. Il est donc très avantageux de
surveiller avec intelligence le développement
des bourgeons inutiles, pour qu'ils ne se développent pas avec trop de vigueur, puisque
l'on a reconnu que lorsqu'un bourgeon se développe au dehors, il se développe aussi de
nouvelles fibres dans le corps de l'arbre et de
nouvelles racines dans la terre, de sorte que,
quand on supprime un fort bourgeon, les fibres et les racines qui lui appartiennent
n'ayant plus de fonctions directes à remplir,
doivent déterminer quelque crise dans l'é-
conomie végétale ; il est donc, en général, plus
avantageux de ne pas attendre que les bourgeons inutiles ou mal placés, soient développés pour les supprimer ; pour le peu que les
hommes de l'art y réfléchissent, ils ne manqueront pas d'obéir à toutes ces observations :
j'excepte une partie des jardiniers bourgeois,
qui manquant de bras pour répondre à leurs
travaux, sont obligés de négliger, soit une partie
ou une autre, parce que le jardinier qui fait
son état avec intérêt d'amour-propre, n'o-
sera pas négliger un carré de son jardin ou
ses plates-bandes de fleurs, ou ses allées qui
doivent être passées au rateau toutes les se-
maines ; il craindrait que bien des gens qui
ne sauraient pas comprendre qu'il ne peut

tout faire, lui donnent le blâme de négligent ou de paresseux ; mais ce jardinier pense bien qu'il n'en sera pas de même s'il néglige ses arbres, parce qu'il peut avoir un moyen de défense auprès des personnes qui auraient des prétentions de s'y connaître, car ces gens-là ne sont jamais sûrs de ce qu'ils avancent ; il y a tant d'opinions contraires, tant de raisonnements différents, que l'on croit toujours le dernier, à moins d'une vraie connaissance pratique. Mais enfin ce sont toujours les arbres qui seront le plus négligés, attendu que ce sont les vices les plus faciles à cacher, parce qu'il faut des connaissances pour pouvoir les blâmer, d'autant plus que nous avons des hommes qui assassinent les arbres, et qui ont le talent, par leur bavardage, de se faire passer pour savants ; ils débitent des théories qu'ils ont apprises par cœur, mais à l'œuvre ils n'y voient goutte, et ce sont toujours ces malheureux arbres qui en sont la dupe. Je conseillerais à celui qui aurait négligé ces ébourgeonnements malgré lui, et qui veut réparer ses fautes, de ne jamais supprimer strictement les bourgeons qui ont déjà acquis un grand accroissement ; il vaut mieux supprimer le sommet avec les ongles, et huit à dix jours après en supprimer le tiers, et plus tard le reste ; de cette manière la suppression ne fera éprouver aucune crise dans l'économie végétale, et n'occasionnera pas les boutons à fruits à se développer en branches à bois; la sève n'étant pas chassée violemment, s'entretient dans l'insertion du rameau supprimé, et lui prépare des boutons à fruits dans le cours de la végétation.

Du palissage. Le palissage ne produit qu'un aspect agréable à l'arbre, et les moyens de modérer les branches trop vigoureuses en les serrant contre le mur pour arrêter leur volume en grosseur et préparer leurs yeux en boutons à fruits ; mais lorsqu'un arbre pousse faiblement, il ne faut pas le palisser avant que la sève baisse sensiblement, seulement pour que ses branches ne s'endurcissent pas dans une direction que l'on ne voudrait pas leur faire prendre, ce qui contrarierait à la taille.

Moyen de remédier à la désorganisation des Poiriers et des Pommiers.

Lorsqu'un poirier ou pommier se trouve dans un état d'appauvrissement par des soins négligés ou par défaut de connaissance, et que sa tige ou ses bras se trouvent dénudés, dégarnis de branches à fruits et sa végétation faible par cause de mauvais traitements, il n'y aurait pas d'autre moyen que de faire un rapprochement sur ses bras ou sa tige ; ce rapprochement consiste à couper sur le vieux bois plus ou moins, suivant que l'intelligence de l'arboriculteur jugera la réforme des branches à faire ; mais on doit faire sa coupe dans la partie qui offre le plus d'espoir à développer de nouveaux bourgeons destinés à remplacer les parties enlevées par la coupe ; ces nouveaux bourgeons ne manquent pas de faire développer de nouvelles fibres et de nouvelles racines ; en un mot, ce rapprochement sur le vieux bois oblige l'arbre de mettre à jour des espèces d'embryons, des multiplications qu'il tenait en réserve ; il ne reste plus, ensuite, qu'à suivre de nouveaux principes pour qu'ils ne retombent pas dans leur première position. Il m'est arrivé plus d'une fois, sur des arbres dont on n'osait rien espérer, de les ramener dans un état admirable. (Voyez à *la taille*, le jardin de M. Dagneau et de M. Amette, page 45.)

Il arrive très souvent que des arbres se trouvent dénudés par un excès de sève comme par défaut, attendu que la sève se porte violemment dans le sommet du bourgeon sans favoriser les yeux à sa base, et lorsqu'arrive le développement des yeux au printemps, il ne part que l'œil terminal ou un ou deux au-dessous, et le reste s'annule.

Il n'est guère possible de changer la marche de cette sève en taillant sur le jeune bois de l'année, parce que l'œil terminal arrivera toujours en force à pouvoir occuper cette fougue de sève, qui elle-même lui donne le pouvoir. Dans cette occasion, on doit tailler tous les chefs de file sur le bois de deux ans dans les parties où les yeux sont les plus éteints; ils ne manqueront pas de se développer très tard. Au printemps, ce retard sera déjà d'une grande importance pour les yeux qui avoisinent l'œil terminal; celui-ci et les autres ne manqueront pas de faire des bourgeons dans le mois de juin, qui permettront à la sève de reprendre son cours naturel; mais on aura dû les supprimer au fur et à mesure de leur apparition de la manière indiquée à l'article *Ébourgeonnement* et pincer le rameau d'élongation une fois ou deux dans le cours de sa végétation; de cette manière, il est facile de comprendre que lorsque la sève arrivera au printemps pour jouer son rôle comme l'année d'avant, elle trouvera un œil qui ne sera pas prêt à se développer pour lui livrer passage, ce qui la fera refluer dans toutes les parties de la branche et lui fera ouvrir des canaux sèveux qui se fermaient insensiblement à mesure que la sève les abandonnait; mais aujourd'hui et pendant plusieurs années qu'elle va se trouver restreinte dans toutes les parties de la branche, les canaux sèveux se rouvrent immédiatement à mesure que la température échauffe et dilate ses pores et fait sortir de toutes parts des boutons, soit à fruits, soit à bois, et je convertis les branches à bois en branches à fruits par la suppression herbacée qui est très délicate; car, autant elle protège la production du fruit lorsqu'elle est bien opérée, autant elle la détruit si elle est mal pratiquée. J'en parlerai plus loin. Lorsque je rapproche ma taille sur le bois de deux ans, c'est dans l'intention d'obtenir une faible branche d'élongation, pour favoriser davantage mon opération ; je fais ma coupe bien près de l'œil, afin que cette plaie puisse mieux se recouvrir dans le cours de la végétation, et puis pour que cette large plaie à cet œil presque sans vie puisse contribuer à son développement.

Ce rameau ainsi privé de ses facultés ne peut avoir que des yeux très appauvris qui ne développeront que de très faibles branches l'année suivante, et c'est pendant ce temps que la sève se sera établi des cours dans les parties qui en étaient privées. Lorsque ce rapprochement ne me suffit pas pour répartir la sève dans les parties faibles, je romps les canaux sèveux qui prennent la sève pour la la conduire dans ces branches qui me sont rebelles ; mais je suis très modéré dans ce principe, je crains dans certaines positions une extravasation de suc propre dans les tissus cellulaires, dans lesquels elle occasionnerait des obstructions. Il y a toujours à craindre dans un arrêt de sève trop subit : un refoulement de sève brusque dans des arbres très vigoureux est la cause d'un accident tôt ou tard, car cette rupture se pratique au moyen d'une encoche au dessus de l'œil qui reste dans l'inaction et arrête strictement la sève qui ne peut avoir d'autre issue que cet œil qui ne manquera pas de se développer et de produire une branche à bois ou un bouton à fruit, mais plus souvent une branche à bois. Cette opération répétée plusieurs fois sur la même branche, est une opération des plus graves qui forme des espèces d'exostoses ou excroissances plus ou moins dangereuses selon la force de la végétation de la branche sur laquelle on opère et la plaie plus ou moins ouverte. J'ai fait cette opération de plusieurs manières et à différentes espèces d'arbres, et j'ai toujours réussi à faire partir des branches après des tiges d'arbres et même à des yeux éteints depuis plus de dix ans, qui m'ont donné des rameaux de soixante à quatre-vingts centimètres de long; je me trouvais satisfait de mon opération lorsque je désirais une branche charpentière; mais lorsque je voulais une branche à fruits, je n'éprouvais guère de satisfaction, attendu que l'encoche se remplit de cambium et forme un bois à rebours dont les fibres sont en différents sens. Cela s'explique facilement. Les vaisseaux ne se répondent plus bout à bout, il n'est pas possible que le suc nourricier les enfile en ligne directe; les lèvres des écorces qui ont été entaillées se tuméfient d'abord par le suc nourricier qui ne peut passer outre, parce que l'extrémité des vaisseaux sèveux coupés est comme cautérisée par le ressort de l'air, ce qui forme un bourrelet qui s'étend insensiblement de la circonférence vers le centre, par le rapprochement des deux sèves.

Lorsqu'un professeur d'arboriculture de Paris, avait annoncé dans ses cours ce procédé comme une merveille, des amateurs, qui l'ont pris de même et copiaient au crayon les avantages que leur professeur croyait et leur faisait accroire, à peine arrivés dans leur jardin, ils se mettaient à cicatriser sur les branches de leurs arbres, et engageaient leurs voisins, leurs amis à cette opération, comme un don nouveau du créateur de la nature ; en peu de temps ce système s'est répandu dans les environs de Paris ; des pépiniéristes mêmes l'emploient pour garnir le bas de leurs arbres, principalement les quenouilles. Ce que je ne comprends pas, c'est qu'en arboriculture on soit si prompt à adopter des faits nouveaux, et à les avantager avant que de les connaître, et même sans chercher à les connaître ; car je pourrais citer des procédés plus dangereux, préconisés par des charlatans, que des personnes, par ignorance, prennent pour bons et ne manquent pas de les avantager à leur tour. Je ne m'amuserai pas à détailler pour preuve les faits que j'accuse, ni même à nommer personne ou donner des moyens de les faire connaître, car je n'ai ni le talent ni le caractère de mépriser, ni l'intention de me poser en maître auprès de qui que ce soit, mais comme ma méthode est faite dans le but d'être utile aux amateurs de l'arboriculture, qui n'auraient pas eu l'avantage d'une instruction particulière, je dois prévenir des erreurs

qui se commettent journellement, afin de ne
pas suivre le principe des routiniers, qui
adoptent tout ce qu'ils trouvent de nouveau,
sans se rendre compte du bon ou du mauvais
résultat ; la preuve est, que celui qui cherchera, comme moi, à connaître la désorganisation de la marche d'une sève interrompue
de la manière dont je viens de parler, ne
manquera pas de recourir à des principes
plus satisfaisants. Voilà, pour moi, celui que
je pratique. Lorsqu'un arbre est très vigoureux, qu'il ne pousse qu'en bois, il ne me
procurera des fruits si je le taille à **12**
ou **15** centimètres, comme l'on fait presque
partout ; comme je l'ai déjà dit, je remplirai
toutes les maîtresses branches de plaies qui,
plus tard, pourront occasionner des chancres
et des ulcères, principalement sur les pommiers, et ma taille courte fera sortir des masses de branches à bois dans toute la surface
de l'arbre, au lieu de boutons à fruits, de
sorte qu'en dix années, je n'aurai qu'un arbre de 1 mètre et demi, et qui ne m'aura
encore produit que des branches à bois, et
forcé de les supprimer, je serai forcé d'établir des toques, comme des têtes d'osier, dans
toutes les parties de l'arbre, et la nourriture
de toutes ces branches est une sève perdue

en pure perte, puisque ces branches tombent sous la serpette en hiver, et si l'on exécute l'ébourgeonnement, que l'on supprime tous les rameaux qui poussent sur les têtes de saule dans leur état herbacé, la sève ne trouvant pas d'issue pour sortir, se trouve foulée dans les racines, et cette sève, dans un refoulement semblable, rompt les tissus cellulaires, s'extravase dans les racines et les fait quelquefois périr ou occasionne des maladies à l'arbre qui ne fait plus que végéter à peine. Loin des principes que je viens d'expliquer, je taille sur les chefs de file d'une longueur à faire un arbre en quatre ou cinq années, ce que l'on ferait en dix ou douze, en allongeant ma branche d'élongation à chaque taille; il est vrai que les yeux qui environnent le terminal se développeront les premiers et feront avorter ceux du bas. Mais lorsque les premiers bourgeons permettent une rupture, je ne laisse pas prendre un plus grand accroissement, je pince à propos le sommet du chef de file, de sorte que la sève n'éprouve aucune perturbation, et se porte sensiblement dans les yeux qu'elle abandonnait et fait partir les yeux à mesure qu'elle descend; ce pincement peut être continué dans tout le cours de la végétation sur la jeune branche

d'élongation, sans causer le moindre inconvénient ; il arrive souvent que ce jeune rameau produit à sa base des boutons à fruits
pour l'année suivante : il m'est arrivé l'année dernière, par des pincements faits avec
intention, à des moments convenables, sur
des poiriers quenouilles et des pommiers
gobelets, d'obtenir des boutons à fruits , qui
ont épanoui au printemps suivant. Une
branche de pommier canada a donné pour sa
part huit pommes, jusqu'au mois d'août ; il
en est tombé six dans le cours de ce mois, et
les deux autres ont parfaitement mûri; ces
mêmes branches promettent pour l'année
prochaine une production admirable, d'après
le volume de ses nombreux boutons. Cette
opération ne peut être pratiquée qu'aux arbres dont je suis en train de parler, car l'on
comprendra que 25 à 30 centimètres de taille
sur un rameau à l'état de bourgeon et autant à la taille sèche, fait une taille chaque
année de 50 à 60 centimètres de long, et
garnie dans toute sa longueur de boutons à
fruits, qui participent d'une bonne partie de la
sève lorsqu'ils ont développé leur embryon
pour mettre au monde des productions suc-
cessives, qui remplacent ces fougues de branches, qui ne servaient qu'à établir des sou-

ches comme de vieilles têtes d'osier. Quel bel avantage de maîtriser à un tel point un arbre aussi rebelle qu'il pourrait l'être, en l'affaiblissant par ses productions de fruits. Indépendamment des fruits, l'arbre acquiert un volume, en hauteur et en largeur, de quatre à cinq fois de plus que traité par l'ancien système.

Il n'en est pas de même des arbres d'une végétation faible, le pincement ferait sortir de faux boutons et fausses branches qui ne seraient ni bonnes branches à bois, ni bonnes branches à fruits. Une taille sèche bien exécutée doit presque suffire pour une égale répartition de sève dans toute la charpente de l'arbre; il faut aussi connaître les yeux sur lesquels on assied sa taille; savoir si cet œil développera un rameau vigoureux où il faut une branche vigoureuse, ou s'il le donnera faible où on le désire faible. Dans ces arbres les boutons à fruits sont toujours trop multipliés sur les branches nourrices, il en résulte que le trop grand nombre et ceux qui sont destinés à tomber en pure perte, épuisent les branches qui les nourrissent et empêchent le volume de ceux qui doivent rester. Beaucoup de personnes sont étonnées d'avoir des arbres qui fleurissent tous les ans

immensément et qui donnent si peu de fruits
et très souvent mauvais, cela paraît incom-
préhensible; mais un arboriculteur intelligent,
qui étudie, qui examine et suit la marche de
la sève et de sa végétation, comprendra que
chaque année, chaque bouton à fruit forme
à sa base un faux bois sur lequel il ne manquera pas de s'établir des boutons à fruits qui
se succéderont sous la même forme pendant
de longues années, de sorte que plus la branche nourrice allonge par suite des années,
plus les boutons sont dépourvus de leur faculté naturelle : ils n'arrivent qu'au mérite des
fleurs et voilà tout. Dans les arbres très vigoureux les branches à fruits conservent plus
longtemps un pouvoir nutritif et donnent des
fruits plus longtemps, mais peu satisfaisants;
on ne les conserve que forcément. Je suppose qu'un arbre possède cette année cent
boutons à fruits, qui ne manqueront pas
de donner des fruits magnifiques, attendu
qu'ils étaient assis sur un bois naturel près
de la branche charpentière ; mais ce bouton
à fruit, à son premier mouvement pour mettre
à jour les fleurs qu'il contenait en réserve,
s'est monté sur une espèce de faux bois qui a
servi de piédestal aux fruits qui ont succédé
aux fleurs ; il s'est développé évidemment ,

près du pédoncule des fruits sur ce faux bois, plusieurs boutons à fruits dont il en fleurira l'année suivante, et les autres pourront rester stationnaires un an ou deux et même trois; c'est alors que ce bouton a formé une branche à fruits après sa production, que l'on appelle en terme nouveau branche nourrice parce qu'elle nourrit des boutons, comme je viens de le dire, pendant plusieurs années sans fleurir : ainsi cette branche nourrice ne peut procurer des fruits aussi favorisés que l'étaient ceux de l'année dernière, puisquelle est composée déjà d'une partie de faux bois sur lequel est assise la seconde production, qui ne manquera pas une deuxième série de faux bois et ainsi de suite d'année en année. Ainsi qui ne comprendrait pas que dans quelques années ces branches fruitières seront épuisées, maigriront et ne donneront plus que des fruits prématurés, et que l'arbre sera également en souffrance, sous le simple rapport que la sève descendante ne peut se communiquer à la sève montante, à travers les parties de faux bois qui ne permettent pas aux fibres cellulaires de les traverser en ligne directe, pour arriver à la base de la branche à fruits. C'est là où on est tout étonné de voir que ces arbres qui avaient donné tant de fruits pendant plusieurs années, et qui depuis continuent fleurir et ne tiennent pas leurs fruits ou ne donnent que des fruits pierreux , mauvais et pas de garde, et l'arbre finit ainsi, si on ne le débarrase de ces branches fruitières, qui refusent un passage libre à la sève plutôt que de l'attirer et la protéger dans toutes ses parties. Je suppose de ces cent branches nourrices en avoir supprimé un tiers tous les ans, ce qui s'appelle faire un rapprochement sur les branches à fruits ; ce rapprochement aurait produit chaque année de nouveaux boutons à fruits sur un bois naturel qui aurait conservé son cours de sève naturellement libre et qui produirait une quantité de fruits suffisante, en rapport de la force de l'arbre qui ne laisserait rien à désirer, et ce renouvellement aurait aussi l'avantage de l'embonpoint et de la conservation de l'arbre.

CONNAISSANCE PRATIQUE ET RAISONNÉE

DES PRINCIPES DU PÊCHER EN GÉNÉRAL.

Le PÊCHER (*Persica*) est un arbre originaire de Perse, qui s'est naturalisé dans nos climats; cet arbre procure le meilleur fruit que l'on connaisse, il est très savoureux et flatte sensuellement les organes de la vue et du goût; mais c'est aussi dans notre climat celui de tous qui coûte le plus de soins, et qui par conséquent demande le plus d'intelligence pour être utilement cultivé. Les fleurs sont roses, plus ou moins foncées suivant les variétés qui sont nombreuses et qui diffèrent entre elles par la forme, la couleur, le goût et par le plus ou moins de temps qu'elles sont à mûrir; les feuilles se terminent en pointe, elles son dentelées sur les bords et placées alternativement sur les branches.

Le pêcher se greffe sur plusieurs espèces de sujets : sur l'amandier, le prunier et l'abricotier et même sur le pêcher sauvageon, mais qui n'est pas avantageux parce qu'il est très sujet aux extravasations de gomme. On greffe sur amandier dans les terres légères et profondes et un peu sèches, parce que ses racines pivotent et cherchent promptement le fond du sol; mais il est préférable, dans les terres profondes et humides ou celles qui sont légères et sans fond, de greffer sur prunier, parce que la racine du prunier rampe davantage ; cette dernière espèce de greffe est aussi beaucoup plus durable, mais a l'inconvénient de cesser de végéter trop tôt pour les espèces tardives.

Tous les terrains qui conviennent à la vigne, conviennent aussi au pêcher. Il est connu que le pêcher ne peut réussir qu'en espalier et même qu'aux seules expositions du midi, du levant et du couchant ; et l'on sait combien il est important de garantir les fleurs des gelées du printemps et même des plus froides qui sont les plus pernicieuses, principalement à l'exposition du couchant. Comme les gelées et les pluies froides du printemps ne tombent que perpendiculairement, il est facile de garantir les pêchers de ces graves inconvénients en scellant au chaperon du mur des morceaux de bois ou des branches de fer qui excèdent le mur de quarante à cinquante centimètres, afin d'y adapter soit des planches très minces, ou des tablettes que l'on fait au moyen de paille de seigle prise entre deux gaulettes au milieu, afin de plier la paille par le milieu et de serrer les épis avec le pied de la paille entre deux gaulettes. Ces tablettes sont de moitié moins larges que la longueur de la paille puisqu'elle se trouve ployée en deux. Ces tablettes ainsi pratiquées et assujetties sur les morceaux de bois scellés dans le mur en saillie, préservent les pêches de tous les inconvénients causés par la température.

Notice sur les différentes espèces de branches.

La pratique a senti le besoin de donner des noms différents aux branches qui paraissent remplir des fonctions différentes: il est bon de connaître ces diverses espèces de branches, afin de pouvoir les traiter selon leur mérite. 1° La branche gourmande est d'une voracité excessive qui attire à elle toute la sève destinée aux branches voisines et qui cause souvent leur ruine; on n'en doit jamais voir sur des arbres bien conduits; 2" la branche à bois est celle qui termine naturellement les principales branches, elle est généralement moins forte que les gourmandes, et ses yeux sont mieux nourris; 3° la branche fruitière : on en distingue deux espèces, la première est celle qui paraît le long des membres et des branches à bois, elle est rarement plus grosse qu'une plume d'oie, ne développe pas de sous-bourgeons comme le gourmand et les branches à bois, et contient souvent des boutons à fruits dans toute sa longueur qui varie jusqu'à quarante et cinquante centimètres; 4° la seconde branche à fruits est une espèce de lambourde que l'on appelle bouquet de mai ; on ne la voit le plus souvent que sur les arbres faits, elle est longue depuis 2 jusqu'à 10 centimèt., couronnée de boutons à fruits , terminée par un bouton à bois qui s'allonge très peu ; il ne produit qu'un petit bouquet de feuilles comme pour servir d'appel à la sève, afin de favoriser les fruits. Cette espèce de branche ne se taille jamais, donne des fruits pendant trois à quatre ans et périt épuisée, la sève des arbres tendant toujours à monter avec abondance dans les branches supérieures et verticales, tandis qu'elle se porte moins dans les branches horizontales; d'où il suit que les branches inférieures et latérales s'amaigrissent et périraient bientôt si l'on ne maintenait pas l'équilibre entre les unes et les autres, en inclinant les branches trop vigoureuses et tirant en avant celles qui sont trop faibles, en palissant et pinçant strictement les branches trop vigoureuses.

Le palissage met la branche dans un état de gêne; son élément naturel ne reçoit plus qu'une légère influence de l'air d'un seul côté. Le pincement exige une grande intelligence ; il arrête la sève et la tient quelque temps sans mouvement sensible : il est indispensable sur les dessus des branches, où la sève se porte avec fougue. Cette opération n'a point d'époque fixe, elle commence avec la végétation et finit de même, selon la vigueur des branches et la répartie de la sève.

L'ébourgeonnement ne diffère du pincement que par la forme, car il procure les mêmes avantages, il prévient la confusion, maintient l'équilibre de la végétation. L'ébourgeonnement dans le pêcher est l'opération la plus importante et néanmoins la plus négligée. L'ébourgeonnement est d'autant plus utile qu'il facilite toutes les opérations et qu'il procure au fruit toute la beauté , la sûreté et la qualité.

L'ébourgeonnement commence au mois de mai ; cette opération consiste à supprimer tous les bourgeons inutiles ou mal placés, dont le pêcher fourmille ; par ce moyen la sève reflue dans les branches à fruits et donne les avantages dont j'ai déjà parlé. Les boutons du pêcher sont simples, doubles ou triples, ceux du bas des rameaux sont souvent simples, ainsi que dans la partie supérieure. Quand tous les bourgeons se sont allongés de quelques centimètres, on peut apprécier leur vigueur respective, et choisir pour les conserver, ceux qui par leur apparence de forme peuvent le mieux contribuer à l'équilibre de l'arbre ; les deux bourgeons d'un œil double divergent plus ou moins en s'allongeant, et peuvent différer de vigueur. Tous les cultivateurs d'arbres choisissent celui qui se dirige le mieux, pour prolonger la branche qu'il termine ; mais lorsque deux branches se trouvent sur l'un des côtés de la maîtresse branche, destinée à faire des branches à fruits, on a pour habitude de supprimer celle qui convient le moins, afin de ne conserver qu'une branche coursonne, sans réfléchir que l'on serait trop heureux de ne pas l'avoir coupée, lorsqu'un accident vient enlever celle qui reste. Quant à moi je conserve, généralement, deux jeunes rameaux sur un courson, je les traite ensemble et cherche à les répartir, autant que possible, pour m'établir une branche à fruits et une pour la taille. Tous les praticiens comprendront facilement que chaque branche à fruits, sur le pêcher, s'allonge tous les ans, plus ou moins, selon sa position ; lorsqu'elles sont faibles et qu'elles se trouvent chargées de fruits, elles sont susceptibles de mourir par la fatigue et de faire des vides sur les maîtresses branches ; lorsqu'elles sont fortes, l'on est obligé de les allonger pour aller chercher les boutons à fruits, qui sont toujours éloignés de leur insertion; il en résulte que les boutons à bois ne se développent pas dans le talon de la branche, malgré toute l'intelligence que l'on pourrait y apporter, en éborgnant les yeux au-dessus de celui auquel on voudrait conserver son développement, comme le dit M. Lepère, dans son *Traité de la culture du pêcher*. D'abord l'éborgnage ne peut être exécuté partout, soit faute de connaissance ou oubli, soit faute de temps, comme je l'ai dit à l'article *Poirier*, pour les jardiniers bourgeois, ou quelquefois quelques journées trop tard suffisent pour n'y plus pouvoir revenir sans danger; il n'est pas difficile d'apprécier que les branches, dites coursonnes, sur lesquelles on asseoit la taille tous les ans, ne tardent pas à s'allonger d'une longueur désagréable à la vue, et qui porte le fruit trop loin de la branche mère, dans laquelle coule la principale sève, d'une marche trop aisée pour se partager en portions convenables à chaque courson, déjà rendurci par les tailles et dont les feuilles et les fruits sont trop éloignés de leur insertion, pour tirer convenablement la sève, qui leur pourrait être destinée s'ils étaient plus rapprochés; et c'est justement que plus elle s'allonge, plus elle a besoin de nourriture, et que plus elle en perd : c'est alors que de plus en plus elle maigrit et ar—

rive à une époque où la charge de ses fruits la fait périr; lorsqu'ils arrivent dans les dessous des principales branches, que plusieurs branches à fruits, près l'une de l'autre, viennent à périr, l'on peut être certain que tous les ans le nombre augmente par la charge que l'on donne aux branches de remplacement. M. Lepère, si connu pour la culture du pêcher, est tombé dans ce même défaut; ses pêchers, arrivaient à leur dix ou douzième année, dans un état des plus admirable, car c'est sans trop dire qu'ils faisaient l'admiration de tous les visiteurs, moi-même j'étais tout extasié de les voir dans leur état de végétation; mais lorsque je les vis après la chute des feuilles, je remarquai avec peine que ces branches charpentières si belles, si droites, si bien conditionnées, se trouvaient déjà dégarnies de branches à fruits; j'ai mesuré des vides sur des branches-mères et sous-mères de plus d'un mètre de long qui étaient regarnies par des branches de remplacement; mais je crois que beaucoup de cultivateurs d'arbres penseront comme moi, qu'une branche à fruits prise en dessous pour remplacer un grand nombre de ses voisines, qui n'ont pu survivre, aura une tâche trop forte à remplir, principalement quand l'on

veut lui faire remplir les mêmes principes
que tenaient les défuntes ; ces sortes de branches ne sont pas en état d'une grande production de fruits. Si dans sa branche d'élongation, chaque année, au lieu de supprimer un
bourgeon de ceux qui sont doubles, il eût laissé
ces deux bourgeons pris de la même insertion, et traités ensemble jusqu'à l'époque de
la taille, par cette opération il aurait conservé
la plus forte pour le fruit, et l'autre, qu'il
aurait taillée sur les deux premiers yeux de son
talon, qui aurait produit deux branches à fruits
pour l'année prochaine : une des deux aurait
pu remplacer celle qui viendrait à mourir,
et empêcher en même temps les coursons de
trop s'allonger ; cela est facile à croire, puisque j'ai toujours deux branches au lieu d'une,
et que je tâche, autant que possible, d'asseoir
ma taille sur celle qui me procure l'avantage
d'un œil le plus près de son insertion afin d'y
descendre ma taille plus tard, et que cet œil
ne se développerait pas dans une taille ordinaire.

Il est bien naturel que suivant chaque
année mes opérations, j'obtiens toujours les
mêmes résultats qui me donnent l'avantage
d'avoir mes branches à fruits près de la

branche maîtresse qui les favorise, et mes coursons ne se dégarnissent pas ; hors un accident, la branche qui porte le fruit est dépourvue de bourgeons. Je ne laisse à son extrémité qu'un petit bourgeon que j'ai soin de pincer, afin de former un bouquet de feuilles pour servir d'appel à la sève qui doit servir à la substance du fruit, de sorte que cette branche qui porte le fruit ne dépense rien pour elle, et toutes celles qui n'ont pas tenu leurs fruits je les supprime aussitôt que possible, afin que la plaie se recouvre dans le cours de la végétation. Quoiqu'il y ait des formes à préférer lorsque l'on sait favoriser la branche à fruits et maintenir l'équilibre de toute la charpente, cet arbre se soumet à toutes les formes et à toutes les volontés de l'homme; je le donne pour le plus docile des arbres lorsqu'il est dans un bon terrain et qu'il est bien conduit; je donnerai des preuves de sa docilité dans le jardin de M. Amette, à Aincourt, près Magny (Seine-et-Oise). Comme je tiens toujours à prouver les faits on trouvera dans le jardin de M. Amette deux jeunes pêchers d'un an de greffe plantés à la fin d'avril, qui ont produit dans leurs premières années de plantation quatre rameaux d'une force ordinaire: un est disposé pour la forme éventail et l'autre pour la forme carrée; ils seront traités tous deux d'une manière inconnue, dont j'espère donner la description de tous les avantages avec des gravures accompagnées de plusieurs autres modèles et autres espèces d'arbres, en y joignant de superbes jeunes pêchers qui ne sont qu'à leur deuxième année de plantation, et des vignes en cordons chez M. Pierre Leleu, à Sailly, près Meulan (Seine-et-Oise), ayant intention de publier une seconde édition qui sera beaucoup augmentée et avantagée par l'accompagnement de mes explications, des planches nécessaires d'après les dessins pris sur les modèles vivants que je cultive, qui feront comprendre mes opérations mieux que je ne suis en état de les expliquer, n'étant qu'é-lève de la nature, n'ayant qu'une instruction superficielle que je me suis donnée, et ce avec grand'peine ; car la jeunesse des hommes est comme celle des arbres, rien n'est impossible, mais il faut les premiers moyens, pour pouvoir exprimer les remarques pratiques que mon attention dans la nature végétale m'a fait connaître; c'est pourquoi je me bornerai à ne donner que les détails de ma méthode les plus essentiels, ce qui du reste sera plus avanta-geux à beaucoup de personnes qui se trou-

veraient embrouillées par des détails et des
termes hors de leur portée.

———

DESCRIPTION

ET PRINCIPE GÉNÉRAL DE L'ABRICOTIER.

ABRICOTIER (*armeniaca malus*), ainsi
nommé, parce qu'il est originaire d'Arménie,
province du Levant. L'abricotier le plus cultivé est un arbre d'une grandeur médiocre;
son écorce est noire, son tronc est assez gros,
ses branches sont étendues, ses feuilles sont
arrondies et pointues, elles sortent ensemble
d'un même pédicule au nombre de quatre ou
cinq; cet arbre est celui qui met sa sève en
mouvement un des premiers, ses fleurs paraissent avant ses feuilles au printemps; elles
sont en roses composées de cinq pétales
blancs, et son fruit est jaune en dehors et en
dedans, d'une saveur douce et agréable. Cet
arbre se greffe sur amandier et sur prunier
de damas noir, en écusson à œil dormant, à
la fin de juillet; il se multiplie aussi par son
noyau et vient mieux dans une terre légère
et sablonneuse que dans une terre plus grasse.
L'abricotier est sujet aux extravasations de sève
ou gomme qui forment des tumeurs à la

branche et la font périr si elle n'est pas opérée avant que le mal ne l'ait attaquée profondément. Cette gomme qui en découle pourrait être employée comme adoucissante au lieu de gomme arabique ; on ne doit mettre en espalier que quelques abricotiers hâtifs et abricots-pêches, pour en avancer la maturité et pour être moins exposé à manquer d'abricots, si ceux de plein vent venaient à manquer par la gelée, car l'on sait que l'abricot en espalier n'a jamais autant de goût ni de saveur que l'abricot plein vent. L'abricotier se taille en même temps que les pêchers, il n'est pas permis à cet arbre de se soumettre à toutes les formes; cet arbre manque de souplesse : il n'est pas facile de lui donner une prestance gracieuse, mais en récompense il est fertile et très facile à gouverner selon sa nature, puisque ses branches à fruits durent plusieurs années et qu'il reperce facilement sur le vieux bois, principalement en le taillant très court , ce qui doit toujours se faire sur les branches à fruits , car elles produisent toujours trop de fleurs selon moi et suivant mes principes, qui tiennent toujours à approcher le fruit de la branche nourricière. Je préfère tailler long sur les branches de prolongation pour occuper toute la sève et charger l'arbre de fruits, plutôt que de tailler longues les branches fruitières, qui développeraient des bourgeons dans le sommet, qui feraient éteindre les boutons de leur base dont il n'y aurait pas d'espoir de rapprocher la taille plus tard ; au lieu que taillant aujourd'hui très court les petites branches, il sort à leur insertion d'autres petites branches qui les remplacent, lorsqu'elles ne sont plus en état de donner de beaux fruits sur les branches de prolongement; par exemple, quand la taille est allongée il se développe dans la partie de la branche des espèces de dards longs de cinq à six centimètres, qui sont branches à fruits; laissées dans leur état naturel, elles n'ont pas la faculté de pouvoir tirer la sève à elles et très souvent meurent à la fin de la végétation, ce qui certainement n'arrive pas lorsque la serpette en a tranché une partie à la taille sèche, où il ne manquera pas de se développer des petites branches fruitières à leur base qui seront d'une longue existence.

Toutes les branches à fruits se taillent plus ou moins longues suivant leur construction et l'éloignement des boutons à fruits; l'ébourgeonnement est aussi d'une grande importance principalement sur les branches du de-

vant, qui développent les premières des bourgeons qui prendraient la nourriture des fruits,
et empêcheraient les yeux du talon de la branche
de se développer si l'on ne les supprimait pas
par un pincement d'une longueur de deux à
dix centimètres. La même opération doit être
pratiquée à tous les faux bourgeons qui sont
sortis sur le premier pincement, et les branches à fruits en arrête, sur les côtés, se palissent
et se traitent comme dans le pêcher ainsi que
les rameaux qui terminent les membres.
Comme l'abricotier se dégarnit facilement et
même dans les mains du cultivateur intelligent et adroit, je ne trouve pas de forme
aussi avantageuse que la forme éventail;
cette forme procure l'avantage de remédier
assez facilement aux accidents auxquels cet
arbre est assujetti ; lorsque l'on perd une branche charpentière, on peut en dépalissant tout
l'arbre entier, rouvrir un peu chaque membre
en parties égales et remplir le vide causé par
la perte de cette branche ; comme les fleurs de
l'abricotier paraissent de bonne heure, et sont
conséquemment exposées aux gelées du printemps, pour les préserver on les couvre de
toiles ou de paillassons. Lorsque les gelées
tardives arrivent dangereusement sur ces
arbres, on essaie de remédier au mal en brûlant

quelques poignées de paille dont on dirige
la fumée sur les fleurs ou feuilles, pour faire
fondre la glace avant que le soleil soit levé,
car ses rayons brûleraient les jeunes productions de l'arbre, sans cette précaution. Ce
moyen m'a réussi plus d'une fois; il est ap-
plicable aux pêchers, aux amandiers, à la vigne et à l'abricotier plein-vent; ce dernier est
plus avantageux lorsque les intempéries ne
contrarient pas sa production de fruits, qui
sont plus savoureux que ceux de l'abricotier
en espalier, parce que les premiers profitent
davantage des influences de l'air, et que les
feuilles absorbent, par les rosées et la fraîcheur
des nuits, une nourriture plus azotée des gaz
atmosphériques que ne peut avoir celui serré
contre un mur. Lorsque le plein-vent est d'une
forte végétation, il est avantageux de tailler une
partie des branches, qui forment comme des
espèces de gaules sur la tête des saules, qui
entraînent toute la sève dans les sommités de
ces dernières branches, dont les fruits ne
seront jamais aussi assurés que sur les rameaux qui seront sortis à leur intérieur par
l'opération de la taille; il serait même plus
avantageux si l'on pouvait les pincer à quinze
ou vingt centimètres dans leur état herbacé ;
ceci ferait sortir les bourgeons très avanta-

geusement dans le cours de la végétation.
il n'y aurait plus rien à en retrancher plus
tard, et l'on aurait des fruits au premier printemps, au lieu qu'étant obligé de les faire
sortir par une taille sèche, on ouvre une plaie
quelquefois dangereuse dans l'avenir, et l'on a
enlevé une branche qui a coûté une quantité
de sève à l'arbre, et les rameaux que l'on
attend produiront une année plus tard.
Le reste consiste à enlever le bois mort en
hiver et les mousses après la tige et les grosses
branches, au moyen d'un badigeon au lait de
chaux avec une brosse. (Voyez son effet à
l'article *Maladie*.)

Connaissance du Prunier

PRUNIER (*Prunus*). On distingue en général deux sortes de pruniers, l'un cultivé et
l'autre sauvage, que l'on nomme aussi pru-
nellier ou *acacia nostras*.

Le prunier cultivé est trop connu de tout
le monde pour que j'en donne de longs détails, car c'est un arbre des plus communs,
et qui soi-disant se trouve dans tous les pays
tempérés de l'Asie, de l'Europe et de l'Amé-
rique septentrionale; il se multiplie par les
noyaux et les rejetons qui sortent sauvageons,
mais les meilleurs plans pour toutes sortes de

pruniers et même de pêchers, sont ceux que l'on lève au pied des pruniers de Damas noir et de Saint-Julien ; ces arbres ont la sève plus douce et durent davantage que les autres pruniers. On les greffe, soit en fente ou en écusson, à la fin de juillet. Le prunier naturellement demande une terre plus sèche qu'humide, plus sablonneuse que forte, quoiqu'il est de tous les pays et vient partout, mais il est longtemps à rapporter dans les terres fortes et donne toujours trop de bois. De tous les arbres à noyaux, le prunier est celui qui supporte le mieux la taille; on ne doit jamais manquer d'en avoir en espaliers dans des expositions chaudes et abritées, afin de se procurer des prunes quelque temps avant que les plein vent ne donnent. On doit choisir les meilleures espèces et les plus hâtives. Le prunier se soumet avantageusement à toutes les expositions et à toutes les formes ; mais je préfère comme pour l'abricotier la forme éventail ; je dirai aussi que la palmette peut également convenir, elle est d'abord plus prompte à fructifier; mais enfin de telle forme soit le prunier espalier, il ne faut pas perdre de vue qu'il exige un pincement continuel dans le cours de sa végétation sur les bourgeons qui se développent sur les bran-

ches nourrices ; du reste, il réclame tous les
soins de l'abricotier pendant le cours de sa
végétation. Lorsqu'il arrive à la taille sèche,
on doit rapprocher tous les chicots que l'é-
bourgeonnement a produits ; malheureusement, ce qui est négligé presque partout, ces
espèces de chicots sont souvent la perte des
petites branches fruitières qui sont établies
au-dessous, attendu qu'il s'établit d'autres
branches à fruits sur les chicots qui étouffent
les premières qui se trouvent en dessous ,
ce qui fait allonger la branche à fruits et
l'éloigne du corps de la branche mère chaque année , et devient désagréable à la
vue et désavantageux pour le fruit. Il est
bien plus sage de conserver autant que possible toutes ces branches à fruits sur le corps
de la branche maîtresse, d'autant plus qu'il
y a possibilité en ayant soin, comme je viens
de le dire, de supprimer tout ce qui tenterait
le prolongement de la branches à fruits et
tout le superflu des branches à fruits sur les
coursons ; car il arrive souvent que les branches dites coursonnes sur prunier, produisent
une quantité de petites branches fruitières
qui souvent se gênent, s'épuisent l'une pour
l'autre, c'est pourquoi l'on n'apporte jamais
assez d'attention à l'opération de la taille ;

car je suppose qu'une branche à fruits ait produit dans le cours de sa végétation quinze à vingt boutons à fruits qui doivent éclore au printemps prochain , et que cette branche n'ait le pouvoir que de nourrir deux ou trois fruits , il est donc inutile de laisser épanouir quinze à vingt boutons sur une branche qui tombera par cette charge dans un état d'épuisement, et l'obligera d'abandonner tôt ou tard sa riche production qui tombera en pure perte. Mais je suppose qu'elle ne tombe pas, et que l'on attende, comme l'on fait partout, que les fruits soient d'une certaine grosseur pour supprimer les plus petits et les plus mal faits, cette attente n'est pas avantageuse pour les fruits qui restent, ni la branche qui les porte. Il est bien naturel qu'il devait y avoir des fruits de préférence à supprimer, la quantité de fleurs au printemps a déjà épuisé la branche nourricière ainsi que celles qui sont tombées, et les fruits que l'on supprime à la main se sont nourris au détriment de ceux qui doivent rester. Ceux-ci n'auront jamais l'avantage qu'ils auraient eu si l'on avait supprimé à la taille ce qui est supprimé après avoir affamé la branche et les fruits destinés à rester. Je conçois que l'on ne peut sans erreur conserver par la taille qu'autant de boutons que l'on désire de fruits ; mais , comme je l'ai déjà dit, sur quinze à vingt on peut en supprimer à coup sûr les deux tiers, lorsque l'on juge que la branche ne peut nourrir que deux ou trois fruits ; non-seulement la suppression des boutons à fruits, mais les petites branches qui les portent et font confusion à cause de leur peu de longueur, ont besoin d'être rajeunies dans le genre de la branche nourrice du poirier. (*Voyez* à l'article des *Moyens de remédier a la désorganisation des poiriers et des pommiers*, p. 59.)

Le prunier est un bois assez dur et marqué de belles veines rouges, ce qui lui a fait donner le nom de bois satiné d'Europe ; il est très estimé dans la menuiserie ; le prunier est très sujet à la gomme, au blanc et à la brûlure. (*Voyez* article *Maladies*.)

Du Cerisier.

LE CERISIER (*cerasus*) est un jeune arbre dont il y a un grand nombre d'espèces qui diffèrent par leur port, par la couleur, la forme et la saveur de leurs fruits. Le cerisier se plaît dans une terre légère, meuble, et demande plus de chaleur que d'humidité ; il n'exige aucune culture ; il se plaît abandonné aux soins de la nature, sous le rapport qu'il ne pousse pas trop en bois ; il se trouve toujours chargé de fruits lorsque l'année est favorable; il ne réclame que les soins de le débarrasser de ses bois morts et des branches qui feraient confusion.

On a senti le besoin, comme dans l'abricotier et le prunier, d'adopter une méthode de quelqu'espèce hâtive, exposée le long d'un mur au midi, pour accélérer la maturité du fruit et en augmenter le volume; le cerisier anglais, royal hâtif, est le préférable à mettre en espalier ; l'on peut adopter la forme éventail ou palmette, dont le cerisier s'accommode très bien et fait un très bel effet, autant par la beauté de son fruit que par la quantité qu'il procure et la belle figure qu'il présente lorsqu'il est bien conduit; du reste, il réclame les mêmes soins que le prunier, dans tout le cours de sa végétation, seulement il arrive souvent au printemps que les branches à fruits développent des masses de fleurs, dont un grand nombre ne peuvent tenir; elles meurent et se trouvent soutenues dans les pédoncules de celles qui tiennent leurs fruits, et bientôt deviennent en pourriture par les temps humides, et occasionnent la destruction des fruits et des boutons qui se forment pour l'année suivante et engendrent des insectes. Il est donc très recommandable de tenir ses arbres dans un grand état de propreté, en nettoyant toutes les fleurs mortes au printemps et de même les feuilles en été. On plante aussi des espèces tardives à l'exposition du nord pour prolonger la durée. Lorsque le cerisier, soit en plein vent ou espalier, vient sur son retour, qu'il ne donne plus que des fruits médiocres, il faut le rapprocher ou le recéper sur ses grosses branches; il ne manquera pas de se développer de jeunes et vigoureux rameaux qui lui feront naître également de nouvelles racines : il est rare que l'arbre étant bien conduit ne vive pas encore longtemps, en continuant à donner de beaux et bons fruits. J'ai trouvé dans beaucoup de cerisiers une espèce de vers qui se loge dans le pied de l'arbre à fleur de terre; cette espèce de vers se fait des galeries entre l'écorce et l'aubier, comme pour se nourrir de la sève; ceci est souvent la cause d'une tumeur qui, étant négligée, cause la mort de l'arbre. (Voyez son remède à l'article *Maladies des arbres.*)

DESCRIPTION DE LA VIGNE

ET DE SA CULTURE.

La Vigne a les racines très longues, ligneuses, très vivaces, peu profondes. Lorsqu'elle
est abandonnée, elle pousse à la hauteur d'un
arbre ; sa tige est très mal faite, elle est tor-
tueuse et couverte d'une écorce brune, rougeâtre et crevassée, portant des sarments longs
et munis de mains ou vrilles, qui s'attachent
après les branches qui les touchent ; les feuilles sont grandes, belles, larges, mais elles
sont différentes suivant les espèces ; le fruit,
appelé raisin, est plein d'un sucre doux et
agréable au goût, lorsqu'il est mûr en automne. Les espèces de vignes sont variées à
l'infini, mais je ne parlerai ici que des espèces propres à l'espalier, soit pour manger ou
conserver en hiver. La manière de cultiver
la vigne, les soins et le mode de taille que
l'on exécute convenablement, joints à la bonne
qualité du terrain et à l'exposition, font les
différences de qualités de toutes espèces de
raisins. Une vigne palissée à un treillage
fixé contre un grand mur, où la vivacité
de la réflexion des rayons solaires se trou-

ve unie à l'influence du plein air, et que la
terre se trouve un peu maigre, légère et sèche
plutôt qu'humide, contenant naturellement
de petits cailloux qui réfléchissent merveilleu-
sement les rayons du soleil et procurent cette
chaleur si propre à former et à concentrer le
suc des raisins. L'action et les influences de
l'air pénètrent facilement dans ces terrains légers et y répandent et développent mieux les
principes les plus fins de la végétation, qui
est la plus forte cause du délice des fruits ; il
en est tout autrement dans les terres fortes
et argileuses : la vigne ne donne que des raisins d'une liqueur revèche et grossière ; la végétation en est quelquefois plus belle, plus
forte, mais le raisin plus sujet à couler.

De telle nature que soit le terrain, l'exposition du midi est la plus avantageuse, et trai-
tées par cordons lorsque l'on veut garnir un
mur élevé, on doit planter ses jeunes vignes
à 3 ou 4 mètres du mur, ne laisser que
deux yeux hors de terre, et ne faire pousser qu'un rameau, que l'on aura soin d'attacher à un tuteur au fur et à mesure qu'il
s'allongera, ayant soin de supprimer les faux
bourgeons et les vrilles. Arrivé à l'automne,
après la chute des feuilles, on ouvre une
tranchée à la bêche, à commencer du pied du

5

jeune scion de vigne vers le mur, à la profondeur de 30 à 40 centimètres, ou plus ou
moins selon la nature et la profondeur du
terrain ; mais l'on doit, autant que possible.
coucher la jeune pousse de vigne à une profondeur convenable pour que la bêche n'en -
dommage pas les racines en labourant la
plate-bande ; on laisse un bon œil ou deux
au-dessus du sol, et l'on continuera chaque
année la même opération jusqu'à ce que la
vigne arrive au pied du mur.

Toutes les personnes qui connaissent comment pousse une vigne, comprendront facilement que chaque œil enterré à cette profondeur ne manquera pas de développer une
quantité de racines. Ainsi il est facile d'apprécier cette quantité de racines et cette force
de végétation que peut avoir cette jeune
vigne, arrivée au pied du mur à la place
qu'elle doit occuper ; il n'est pas difficile d'apprécier la force de végétation qu'elle doit avoir
dès sa première année, et la longueur que
l'on peut lui donner à la taille : cependant
je suis certain que plusieurs personnes me
traiteront d'ambitieux, lorsque je leur dirai
qu'il m'est arrivé maintes fois de pareilles
expériences, mais entre autres il m'est arrivé
de traiter un pied de vigne de la manière dont

je viens de parler. Lorsque mon pied de vigne
est arrivé au pied du mur, je l'ai taillé sur un
œil, à quelques centimètres de terre, qui m'a
donné une branche verticale, que j'ai palissée
et pincée soigneusement, et qui m'a fourni
quatre branches d'un même côté afin de faire
quatre cordons pour occuper toute la hauteur
du mur. Il s'est développé un faux bourgeon
à 15 centimètres du sol, auquel j'ai fait prendre une direction horizontale et que j'arrête à
un mètre de long; un deuxième, à soixante
centimètres au-dessus, m'a fourni le même
avantage, le troisième à la même distance
est resté plus faible, et le sommet de la tige
m'a servi de quatrième par une courbe que je
lui ai fait prendre dans son état flexible, et
arrêté comme mes trois faux bourgeons à un
mètre, ce qui m'a fait une vigne de six mètres
de végétation dans sa première année hors
de terre à la taille sèche. J'ai taillé mes quatre
jeunes cordons de soixante-dix à soixante-
quinze centimètres, ce qui a fait cinq mètres
de taille pour la première année; à la fin de
la deuxième année mes cordons étaient arrêtés
à deux mètres et demi chacun, sur la pousse
de l'année, pour être taillés à deux mètres de
long, ce qui aurait fait des cordons de plus
de deux mètres soixante centimètres de long

en deux ans, indépendamment de la tige: tous les faux bourgeons de la deuxième année étaient palissés, comme ceux développés sur les coursons de la première année. Cette vigne faisait l'admiration des personnes qui la voyaient au mois de septembre; dès sa deuxième année je fus obligé de l'arracher pour cause d'une construction faite à sa place; je l'ai levée avec beaucoup de précaution, non pas dans l'intention de la replanter, mais pour me rendre compte du nombre de ses racines; j'ai compté, sur quatre mètres de tiges enterrées, trente-trois yeux qui avaient développé de nombreuses racines déjà très longues et une qui était d'une grosseur étonnante. Il est de fait, que la plate-bande exposée au midi était à moitié en terreau; mais enfin, il est donc prouvable que l'on peut démentir les cultivateurs, qui plantent des espaliers de vignes à vingt où vingt-cinq centimètres de profondeur dans la plate-bande qu'ils ont défoncée, et les espacent à cinquante centimètres les unes des autres. Il n'est pas difficile de comprendre que plantées à si peu de distance, en peu de temps les racines se disputent leur nourriture par leur trop grand nombre dans la plate-bande; il n'y a donc que les engrais seuls qui pourront fournir aux racines le suc nourri-

cier, et encore ces engrais ne pourront être
enterrés , car la racine montera promptement à la superficie de la terre; il ne sera
pas permis non plus de favoriser par des labours: on ne pourra donner que des ratissages
de quelques centimètres. La plate-bande qui
est à l'exposition la plus avantageuse du jardin est entièrement sacrifiée pour la vigne,
ainsi que les engrais que l'on est forcé d'y
apporter pour soutenir et suppléer au suc
nourricier de la vigne. L'expérience m'a
prouvé qu'il était plus avantageux de planter
les treilles assez éloignées l'une de l'autre,
attendu qu'elles permettront davantage d'allonger leurs cordons, par le moyen que l'on
donne aux racines un grand espace de terrain à parcourir afin de s'approprier des sucs
propres à leur nature; en parcourant les couches souterraines, s'ils trouvent des essences
dont ils ne pourraient profiter, ils les fran-
chissent pour nager quelquefois dans une autre, et de plus la plate-bande est libre pour les
plantes légumineuses que l'on veut lui faire produire, d'autant plus que les plates-bandes
sont les plus avantageuses comme étant
exposées au midi; elles sont de la plus grande
utilité pour les primeurs de la pleine terre.
On ne peut guère s'en passer dans un jardin :

aussi un espalier de vignes ou treilles plantées dans mon principe, ne prive jamais de cultiver la plate-bande , et permet, lorsqu'elles sont trop vieilles et qu'elles ne poussent presque plus, de faire une tranchée le long du mur à quarante centimètres de profondeur , et de coucher les vieux pieds dont on a conservé un jeune brin le plus long possible, afin qu'il développe de nouvelles racines. Il pourrait se développer des bourgeons dans la première année, de douze à quinze mètres de long, si on ne les arrêtait pas dans le cours de leur végétation, et des grappes à la base monstrueuse; en peu d'années, ces espaliers se trouvent regarnis d'une vigne qui peut vivre plus longtemps qu'une jeune vigne qui aurait été plusieurs années sans produire de fruits.

Lorsqu'une vigne pousse vigoureusement, les cultivateurs n'osent pas tailler les pousses d'élongation des cordons de plus de quarante à cinquante centimètres de long, parce qu'ils craignent que tous les yeux ne se développent pas étant plus allongés. Cependant, je démontrerai et prouverai même le contraire. Lorsqu'un jardin est à ma disposition et qu'il y a des vignes qui ne poussent pas beaucoup, soit qu'elles aient été mal plantées ou qu'elles soient trop vieilles, j'emploie les moyens que je viens d'indiquer, et dès la première année j'obtiens des pousses extrêmement vigoureuses, et, comme je l'ai dit à l'article *Poirier*, je suis très intéressé du superflu de sève de tous mes sujets; je trouve que lorsqu'une vigne a produit sa branche d'élongation de quatre à cinq mètres dans une année, et qu'on la taille à un mètre, il en tombera trois ou quatre mètres sous la serpette; les racines qui ont pris un accroissement en rapport de cette branche, ne manqueront pas l'année suivante de faire développer des branches encore plus fortes : donc, on n'en conservera encore que la trois ou quatrième partie; mais à quoi donc a servi l'emploi des moyens propres à procurer une forte végétation, si l'on ne peut en profiter; pourquoi forcer le terrain et les racines du sujet à fournir dans ses branches quatre litres de sève pour n'en utiliser qu'un, ce que je ne comprends pas, d'autant plus que les cultivateurs qui traitent la vigne, doivent connaître que dans ces pousses voraces, on obtient rarement des raisins, attendu que la grande quantité de sève noie la fleur et la fait couler. C'est pourquoi on ne rogne ces espèces de branches qu'après la défloraison, opération qui se fait avant sur les pousses maigres.

Chaque fois que l'on veut garnir un mur, on emploie tous les moyens pour obtenir une belle végétation; pour ne pas oser en profiter, l'un craint que les premiers yeux du talon ne se développent pas ; l'autre craint un épuisement qui détériore ou altère la racine ; un autre écoute les conseils d'un ignorant, sans les recherches d'aucune preuve. Cependant avec un peu d'intelligence, la vigne prouve presque d'elle-même la manière dont on doit la traiter; mais enfin, puisque je veux promptement garnir un mur, où la vigne pousse avec une extrême vigueur, et que cette vigueur est nuisible à sa production, je dois donc charger cette vigne en allongeant la taille dans deux intérêts principaux : le premier, pour garnir le mur; le deuxième, pour obtenir une plus grande quantité de raisin qui sera également plus doux, plus sucré, par l'altération obtenue par l'opération d'une longue taille: il faut pour cela palisser les bourgeons de prolongement à leur place et les arrêter à la longueur que l'on désire les tailler. Cet arrêt fera prendre du corps à la jeune pousse et lui fera développer de faux bourgeons dans toute sa longueur, si l'on a soin de les pincer tous à leur deuxième ou troisième feuille, ce que ne font pas les personnes qui

palissent, car elles ont soin au contraire d'é-
bourgeonner sur les branches d'élongation,
ce qui fait développer les yeux destinés au
printemps à la deuxième sève, pour remplacer ceux de la première, et c'est la seule
cause qui ne permette pas une longue prolongation sans des vides désagréables, au lieu
que ne supprimant pas les faux bourgeons,
et en les pinçant seulement comme je viens
de le dire, il se conservera un œil entre les
faux bourgeons et la branche, qui ne peut
manquer de se développer au printemps prochain, attendu que les faux bourgeons ont
établi des canaux séveux en se développant
pour tirer à eux la sève propre à leur développement : ainsi la sève ne manquera pas
au printemps de reprendre son cours établi
dans le faux bourgeon, mais le faux bourgeon enlevé par le coup de la serpette est
remplacé par un œil qui, par la douce influence du printemps, est préparé à une puissance végétative. Au premier choc de cette
sève qui vient se buter sur la plaie du faux
bourgeon, l'œil ne manquera pas de la mettre à
profit en se développant en bourgeons avec des
grappes qui ne manqueront pas de satisfaire
la main qui les cueillera ; de cette manière
l'on peut allonger des cordons de treille d'une

longueur presque incroyable , sans qu'un seul œil ou bouton s'annule.

Dans toutes mes expériences sur la vigne, je n'ai jamais éprouvé de désagrément pour avoir trop allongé mes cordons; cependant j'ai taillé jusqu'à trois mètres de long, et plusieurs années de suite, sur le même cordon, je m'en suis très bien trouvé. J'observerai que c'était sur des treilles recouchées. Lorsque l'on veut garnir un mur de treilles l'on plante de la manière indiquée plus haut et à des distances selon la force de végétation que la vigne pourra acquérir , et lorsque le premier bourgeon se développera, il sera courbé en naissant, soit à droite ou à gauche, à vingt centimètres du sol; cette courbure doit être faite de manière à ce qu'il se trouve un œil vertical, qui ne tardera pas à se développer en faux bourgeon, que l'on inclinera également opposé au maître bourgeon : donc ils devront représenter la forme d'un **T**. Le bourgeon vrai ne manquera pas de se développer d'une longueur démesurée, quoique dans cette position il sera pincé où l'on a l'intention d'asseoir sa taille.

Le faux bourgeon sera traité, au besoin, comme le vrai bourgeon, mais plus tard, puisqu'il n'est que sa production. Lorsque les deux extrémités de la forme T seront arrêtées, tous les yeux en dessus développeront des faux bourgeons, que l'on ne laissera pas grandir, attendu que ce serait une sève perdue lorsque viendrait la taille. On les pincera au-dessus de la deux ou troisième feuille, comme je l'ai dit plus haut, afin d'établir un cours de sève pour aider au développement des yeux à leur base, au printemps suivant, qui formeront les premiers coursons sur les premiers bras.

Entre le faux bourgeon et le vrai, il existera toujours un œil qui se trouve perpendiculaire avec la tige, qui fournira un faux bourgeon comme les autres, et qui restera naturel pour se développer à la suppression du faux bourgeon au printemps. Lorsqu'il sera à l'état de rameau on aura soin de le palisser et de supprimer ses vrilles et faux bourgeons ; aussitôt qu'il aura atteint la hauteur de 50 à 60 centimètres, on lui fera subir la même position et opération qu'aux deux premiers cordons du bas ; de cette manière l'on obtient deux bras chaque année, jusqu'à la hauteur des deux derniers cordons. Lorsque les cordons sont établis l'on entretient les coursons dans un grand état de propreté, en supprimant tous les chicots qu'a faits la dernière taille, car l'on voit presque partout, et même sur de jeunes treilles, de longs

chicots de bois mort sur des coursons allongés de 8 à 10 centimètres qui, bien traités,
n'en n'auraient pas plus de deux à trois, ce qui
aurait l'avantage de les conserver plus longtemps.

Lorsque je taille une vigne en cordons, je
n'allonge jamais mes coursons de plus de 8 à
10 centimèt. dans toutes les circonstances, et
je me trouve favorisé par un développement
de quatre à cinq rameaux, qui ne se développeraient pas si je taillais à deux yeux comme
l'on fait généralement ; de ces quatre à cinq
bourgeons, j'en conserve deux ou trois, suivant le besoin, et les mieux placés, qui ont des
grappes, et je supprime les autres. Lorsque
j'aperçois les grappes, je pince le bourgeon à
deux feuilles au-dessus, quand les bourgeons
sont maigres, mais s'ils étaient trop vigoureux, il ne faudrait faire ce pincement qu'a-
près la défloraison de la grappe. Dans beaucoup d'endroits l'on attend la dernière quinzaine de juin pour opérer tous les travaux
de la vigne d'un seul coup, et l'on ne voudrait jamais ébourgeonner une vigne si maigre qu'elle soit, avant que son fruit soit as-
suré ; mais pour peu que l'on s'arrête et que
l'on réfléchisse à cette attente, l'on est forcé
de comprendre qu'il y a des pertes et des in-

convénients des plus désagréables : c'est que d'abord les bourgeons des premiers cordons sont mêlés à ceux de dessus, ainsi de suite, jusqu'aux derniers, qui retombent les uns sur les autres et s'attachent par leurs mains ou vrilles d'une manière difficile à séparer, et le fruit qui se trouve enfoui dans ces fougues devient entrelacé, ainsi que les premières feuilles à la base de chaque bourgeon, qui sont étouffées, deviennent toutes jaunes et tombent lorsqu'elles sont exposées au grand air. La suppression de bourgeons inutiles à cette époque, cause une large plaie sur les coursons; la suppression d'un bourgeon au-dessus de sa grappe se trouve dans la partie la plus forte où la sève passe le plus librement, ce qui lui fait éprouver une crise plus forte et une suffocation à la grappe par la sève refoulée brusquement et se trouvant exposée subitement au grand air; le travail en est également plus long et offre bien plus de difficultés. Mais non seulement de tous ces inconvénients, il résulte qu'une litière de bourgeons est tombée sous les treilles au profit seulement des bestiaux, et que si cette sève perdue eût été conservée par la suppression des bourgeons inutiles à leur première apparition, qu'on eût fait ensuite un pincement à propos à chaque bourgeon , deux yeux au-dessus des grappes et supprimé les faux bourgeons au fur et à mesure de leur naissance , à coup sûr tout le superflu de la sève se trouverait chassé dans l'extrémité des cordons , et les bourgeons d'élonga-tion qui terminent les cordons ne manque-raient pas d'en faire leur profit, ce qui per-mettrait à la taille, chaque année, un prolon-gement de quelques mètres au lieu de quel-ques centimètres. Ces soins assurent aux fruits une sève abondante, et les exposent à l'action et à l'influence de l'air et aux rayons du soleil qui leur procurent un suc et facili-tent leur maturité.

Lorsque le raisin est à sa grosseur, on doit supprimer peu à peu quelques feuilles qui mas-quent les grappes, et si la température est sè-che, on fait des bassinages avec de l'eau douce au moyen d'une pompe à main, qui envoie l'eau sur les espaliers en forme de pluie légè-re. Ces bassinages ne se font qu'après que le soleil est tourné à l'opposé de l'espalier. Cette humidité artificielle favorise les raisins en grosseur, en saveur et en couleur. Dans la mé-thode que je viens d'indiquer, les engrais ne sont jamais nécessaires, attendu que les raci-nes étant plus fortes, plus vigoureuses qu'elles

ne peuvent l'être dans la méthode ordinaire,
doivent toujours donner une sève abondante à leur cep. Je recommanderai même,
lorsque l'on fume les plates — bandes dans
lesquelles est plantée la vigne, de ne pas enfoncer le fumier trop près des racines, attendu que le goût du raisin serait altéré par
le gaz ou l'azote du fumier ; mais dans la méthode ordinaire, la fécondité de la terre
étant nécessairement épuisée par la successi-
bilité des nombreuses racines, il paraît nécessaire d'en renouveler les sucs de temps en
temps ; il n'y a évidemment que les engrais qui puissent restituer à ces terres les
sels et la fertilité qu'elles ont perdus. Le fumier de vache est le meilleur pour les terres
maigres et légères, mais le fumier de cheval,
de mouton, de pigeon et de poule est préférable pour les terres fortes, humides et pe-
santes. Le meilleur de tous les engrais est
la boue des rues, des mares et fossés. Il
est très avantageux de donner plusieurs petits labours au pied des treilles, afin d'ouvrir
les pores de la terre qui la mettent en état de
recevoir les influences de l'air. Lorsque la
sève est trop abondante par l'excessive nourriture du terrain, soit par sa nature ou par
les engrais, et que la vigne pousse trop en

bois, ce qui l'empêcherait de donner du fruit, je ne connais pas d'autre moyen que d'allonger les cordons selon les principes que je viens d'indiquer, afin d'épuiser ses forces et de la priver des substances azotées.

Accidents de la vigne. La vigne est sujette aux accidents ; il se fait quelquefois une infusion de sève hors du bois au printemps, ce qu'on reconnaît aisément parce que les feuilles se fânent. Cette espèce d'hémorrhagie de sève ferait en peu de temps périr le pied de vigne, si l'on ne l'arrêtait pas de suite par des emplâtres qui puissent empêcher la fuite de cette sève. J'ai trouvé que le plâtre employé comme pour maçonner est suffisant, en l'appliquant sur l'ouverture en espèce de nœud autour de la branche; à son défaut on se sert de l'onguent de St-Fiacre. Les gelées blanches nuisent aussi beaucoup aux jeunes bourgeons; principalement quand ils sont mouillés et que le soleil frappe dessus, il brûle les jeunes bourgeons qui commencent à se développer au printemps ; les pluies continuelles leur font tort également, surtout quand elles sont froides et poussées par le vent. Lorsque l'intempérie arrive au moment de la fleur, elle enlève les poussières fécondantes des étamines ; le pistil ne pouvant seul fructifier,

il en résulte ce que l'on appelle la coulure ;
c'est pourquoi, dans des printemps pluvieux, les vignes sont peu chargées de raisins, et les grappes ont très peu de grains,
ce qui ne les empêche pas d'en être meilleurs.

Du Groseiller à grappes et à ma-
quereau.

Ce Ribes (*rubrum*) est un arbrisseau d'Europe que l'on cultive communément dans les
jardins ; ses racines sont branchues, fibreuses ;
ses rameaux sont nombreux, durs, tortueux et
cependant flexibles, et hauts d'un mètre et
demi ; ses fruits en baies, appelés groseilles
rouges ou blanches lorsqu'elles sont mûres,
sont remplis d'un suc acide, fort agréable au
goût ; la variété à fruits blancs ne diffère en
rien de celle à fruits rouges, quelquefois un
peu plus gros. Ce charmant petit arbrisseau
fournit un fruit délicieux et procure une
grande douceur à la classe ouvrière des
campagnes ; beaucoup de gens l'emploient en
palissades pour clore quelques perches de
terre disposées à faire leurs légumes. Il se
forme des palissades en peu d'années, hau-
tes de plus d'un mètre, soutenues avec quelques pieux et gaulettes, ce qui suffit plutôt
que des haies d'épines qui détruiraient une

partie du terrain par leurs racines, et ne donneraient pas la douce jouissance que procure le groseiller avec son fruit dont tout le monde connaît la bonté et l'utilité.

Groseiller à fruits noirs, cacis ou cacissier.

Plus grand dans toutes ses dimensions que le groseiller à fruits rouges et blancs, ses fleurs ont une odeur stupéfiante ainsi que ses feuilles qui sont aromatiques; son fruit conserve une saveur acide même dans sa parfaite maturité.

Groseiller à maquereau ou épineux.

Ses racines sont ligneuses et un peu fibreuses; elles poussent des tiges nombreuses et rameuses, garnies d'épines fortes près de l'origine des feuilles; les feuilles rondes, un peu découpées. Ses fruits sont plus ou moins longs selon l'espèce; quelques-uns des plus gros approchent de la grosseur d'un œuf de pigeon; son bois est couleur de buis pâle, et me semble un peu analogue à celui du poirier. Je vais citer un fait qui prouve que le suc propre du groseiller à maquereau a beaucoup d'analogie avec le suc propre du poirier. Un de mes amis vint un jour me rendre visite, et comme il est assez bon praticien, quoique n'étant pour ainsi dire qu'amateur, nous parlâmes arboriculture, et la conversation tomba sur la manière de greffer ; alors il me donna connaissance qu'il avait greffé, il y a quatorze à quinze ans, une poire de crassane d'été sur un groseiller à maquereau ; la tige était forte de trente à quarante millimètres; au printemps, il coupa la tige pour la greffer en poupée, et comme essai il fit au-dessous une entaille dans l'écorce et sur le rameau qui lui avait servi de greffe ; il enleva un œil qu'il appropria à l'entaille faite sur le groseiller, il appliqua cet œil en placage, ayant soin de l'attacher, et peu de temps après, c'est-à-dire au mois d'avril, cet œil en placage se développa et donna un sujet qui devint très productif, tandis que la greffe en poupée ne poussa point. Cet ami cultive les arbres fruitiers comme les habitants de son pays, qui est ce beau pays de Montreuil-aux-Pêches, près Paris, qui s'est fait une réputation européenne par ses riches cultures. C'est à l'époque où je travaillais dans ce beau pays que je fis sa connaissance comme membre de plusieurs sociétés savantes et dont la renommée me le fit rechercher. C'est avec plaisir qu'il se fera un devoir d'être utile aux personnes qui voudraient le visiter avec un petit mot de ma part.

Quoique le groseiller en général ne soit pas difficile pour sa culture, s'accommodant de tous les terrains et de toutes les expositions, il est à regretter que l'on attache si peu d'importance à sa culture presqu'abandonnée aux seuls soins de la nature, et à la taille que l'on pourrait dire inconnue, dont le groseiller à grappes serait si favorisé autant pour la beauté et la bonté de ses fruits, que pour la conservation de l'arbuste et pour la beauté de chaque forme que cette taille lui procure, soit en buisson ou en corbeille, en vase et en quenouille, qui est le plus bel aspect à l'œil par la beauté des fruits qui se laissent voir à travers les feuilles. La taille a beaucoup de rapports à celle de la vigne, les coursons s'établissent sur toutes les branches maîtresses, de telle forme soit l'arbuste ; les coursons s'établissent en coupant un rameau dans son talon, à la hauteur de cinq à six millimètres au lieu de cinq à six centimètres, comme l'on fait partout. C'est de la partie restée du talon que sortira toute la production de fruits que l'on attend de l'arbuste. Ainsi il est très facile de comprendre que les grappes, sortant en masse autour de chaque plaie sur le corps de la maîtresse branche , ne pourront manquer d'être plus belles et plus douces, que si une longue taille les eût éloignées. Il en serait résulté qu'en taillant plus long, il se serait développé de forts rameaux qui se seraient nourris au détriment du fruit, et après s'être approprié une grande partie de la sève, obligeraient les coursons à monter chaque année en dégarnissant toujours le bas, ce qui fait que l'on ne connaît plus les coursons avec les maîtresses branches, et les fruits ont perdu dès lors leur faculté de grosseur et de saveur.

Rien n'est-il plus simple, comme je l'ai dit à la taille de la vigne, de connaître les avantages que procurent ceux de la taille, qui ne permet jamais aux coursons de s'allonger et de s'éloigner que très peu de la branche-mère qui est nourricière de chaque courson, puisque c'est elle qui distribue à chacun une portion de sève plus ou moins forte, suivant la difficulté de l'une ou de l'autre, causée par une taille mal faite et souvent par un œil plus prompt à se développer, et entraîne là une partie de sève qui ne lui appartient pas, avec d'autant plus de facilité qu'il n'a qu'une portion d'oxigène de l'air qui se forme en ce que l'on appelle sève descendante, et qui est un aimant pour attirer à elle la sève

ascendante, comme l'aimant pour attirer l'a-
cier. C'est pourquoi, plus une branche nage
dans les airs, son élément naturel, plus elle attire la sève ascendante, au point de détériorer
les parties de l'arbre bien établies. C'est ce qui
demande toute l'intelligence de l'arboriculteur,
c'est dans ces circonstances qu'il faut savoir
exécuter le pincement avec discernement, ce
qui doit être pratiqué sur le groseiller ; lorsqu'il se développe un bourgeon sur un courson qui n'aurait pas l'apparence d'une lambourde à fruits, il sera pincé dans l'extrémité
de son sommet avant qu'il n'ait atteint plus
de cinq à six centimètres. La taille aura également diminué le nombre et le volume des
petites branches à fruits sur les coursons trop
chargés, afin de ne pas les épuiser et de faire
sortir chaque année de nouvelles branches à
fruits. Un groseiller à fruits rouges ou blancs
ainsi traité a le mérite que l'on conserve son
fruit jusqu'en hiver, frais et bon ; il faut pour
cela bien éplucher le petit arbuste des feuilles
mortes et malsaines, des grappes verreuses
et des insectes, et lui adapter une chemise de
paille longue en forme de celle d'une ruche,
ou au moyen d'un paillasson choisi, ce qui
fait le moins d'embarras et moins de saleté
causée par l'éparpillement des brins de paille.

MALADIES DES ARBRES.

Accidents de la Chlorure. Les arbres sont sujets à plusieurs espèces de maladies, occasionnées par l'altération des solides ou par celle des fluides. Les feuilles des arbres fruitiers deviennent quelquefois jaunes : cet effet est produit par le défaut de sucs nourriciers. On y remédie en mettant au pied de ces arbres de la terre légère, de la suie et des cendres, et dans des terres froides, du fumier de pigeons et de poules déposé seulement au pied de l'arbre de temps en temps; l'on jette dessus un arrosoir d'eau pour dissoudre les sels contenus dans ces matières, qui se trouvent pompées par les racines de l'arbre, qui reprendra une verdure et une nouvelle vie. Il arrive que dans les grandes chaleurs d'été certains arbres laissent faner leurs feuilles; il faut les arroser le soir de préférence à tout autre moment, au moyen d'une pompe à main terminée par une pomme à trous très fins, qui répand l'eau en pluie douce sur les feuilles qui se raniment dans le cours de la nuit, ce qui permettra le lendemain d'arroser le pied de l'arbre sans danger. Il serait assez avantageux de mettre dissoudre du sulfate de fer, quelques heures dans l'eau avant que d'arroser ; il ne faut pas mettre plus d'un gramme par litre d'eau : cette eau ainsi préparée dispose les feuilles à réparer la trop grande transpiration occasionnée par la chaleur.

Blanc Meunier, espèce de lèpre végétale. Cette maladie gagne peu à peu les feuilles, les bourgeons et les fruits, et les rend couverts d'une sorte de matière qui bouche les pores et empêche leur transpiration. Cette maladie est très commune aux pêchers; principalement ceux qui sont exposés à l'Est, sont les plus sujets à cette maladie; les parties qui en sont attaquées exhalent une mauvaise odeur : tout l'arbre serait bientôt la proie de cette maladie si l'on n'y portait remède, en arrosant l'arbre de manière à ce que l'eau tombe rapidement sur les parties malades, afin d'entraîner toute une partie de cette moisissure. Une pompe à jet continu est avantageuse en ce que l'eau se trouve chassée rapidement; à défaut de pompe l'on prend un arrosoir que l'on tient au-dessus de l'arbre au moyen d'une échelle : l'eau sera préparée comme pour la chlorure. (Voyez ce mot.) Ces arrosements seront répétés autant qu'il sera nécessaire, mais toujours lorsque le soleil ne sera plus pour y paraître le reste de la journée. Lorsque l'on s'aperçoit des parties abandonnées par la sève, à cause des pores bouchés par la matière de la maladie, l'on doit s'empresser de les enlever à la serpette et les éloigner de la présence des arbres. Cette maladie n'est pas pernicieuse comme beaucoup le disent, car il m'est arrivé d'en traiter de tout âge et de bien frappés de cette maladie, sans qu'il en périsse aucun; elle s'est renouvelée jusqu'à deux années de suite sur le même arbre, et la troisième année il n'y paraissait pas.

De la Cloque. C'est une maladie qui attaque les bourgeons et les feuilles des arbres; cette maladie prend sur le sommet des jeunes bourgeons et principalement sur les pêchers; elle s'annonce sur les feuilles naissantes par de petits points rouges et bruns presque imperceptibles; à mesure que ces taches augmentent les feuilles se boursoufflent, s'épaississent et se crispent, deviennent rouges, jaunes et galleuses; il n'y a pas de moyen plus prompt pour arrêter le mal, que d'enlever toutes les feuilles qui paraissent attaquées et les bourgeons que l'on doit enlever à la serpette. Cette maladie paraît s'engendrer par l'effet des mauvais vents et des mauvaises pluies froides, qui arrivent par un changement de température brusque qui fait crisper les feuilles.

De la Décuration. Elle se produit dans les branches de pêchers, pruniers et abricotiers, soit dans les vieux arbres couronnés ou en retour; c'est un retranchement produit par une cessation d'accroissement dans la partie inférieure du nouveau jet herbacé; cette partie jaunit et bientôt meurt, et se détache de la partie inférieure qui continue de végéter. Cette maladie est souvent occasionnée ou hâtée, par des coups de soleil ou de sécheresse, ou étiolement, ou par défaut de suc propre au développement et à la maturité des parties, etc. On peut prévenir ces accidents, en procurant aux arbres qui y sont assujettis des engrais, ou en démasquant ceux qui se trouvent obstrués.

Du Dépôt. Le pêcher et l'abricotier sont très sujets au dépôt, ou gomme, ou glue; le dépôt est un amas de suc propre, gommeux, qui occasionne la mort des branches où il se fait; il a pour cause l'extravasation du suc propre dans les tissus cellulaires ou dans les vaisseaux sèveux, dans lesquels il occasionne des obstructions. Ceci arrive souvent dans des changements de température brusque, lorsque le soleil frappe ses rayons brûlants, qui échauffent de place en place les branches ou le corps d'arbre; les parties échauffées s'attendrissent et se dilatent, et la sève se trouve attirée et amassée dans les vaisseaux qui s'élargissent par le dilatement que procure le coup de soleil. Mais lorsque le soleil vient à passer subitement sous un nuage et qu'un coup de vent froid frappe les parties échauffées de l'arbre , il en résulte un saisissement qui resserre les canaux sèveux dans toute la partie de l'arbre; mais dans les parties où la sève reste en trop grande abondance et où la partie est plus échauffée qu'ailleurs, la sève y reste emprisonnée et se coagule, devient comme croupie et mange l'écorce de l'arbre et occasionne les chancres et les ulcères dans le pêcher et l'abricotier, fait crever l'écorce et sort à l'état de gomme ou glue, et occasionne la mort de l'arbre ou de la branche, si on n'y remédie pas de suite, en enlevant au vif avec la serpette toutes les parties infectées par le dépôt. Après avoir bien nettoyé la partie malade, on recouvre la plaie avec de la bouse de vache bien mélangée avec de la terre franche.

Du Chancre. Le chancre est une espèce de sanie corrosive ou d'ulcère coulant, qui altère l'écorce de l'arbre et le bois; il soulève l'écorce, gagne de proche en proche, et suinte sous la forme d'une eau rousse corrompue, et erre au travers des fentes corticales. Dans les temps de sécheresse les poiriers sont sujets à cette maladie ; le meilleur remède est de couper la partie malade jusqu'au vif et de la couvrir, comme je viens de le dire au dépôt du pêcher. Cette extravasation de suc propre peut être regardée comme une sorte d'hémorrhagie.

De la Carie. La carie est une espèce de moisissure du bois ; cette maladie, qui a son principe dans les racines, ensuite au bas du tronc, se reconnaît à trois causes externes, savoir : le grand chaud, le grand froid, le séjour de l'eau, et quelquefois l'écorchure des racines. Lorsque la carie est due au grand chaud, on l'appelle échauffure ; l'échauffure se reconnaît sur les branches par une quantité de taches rouges et noires qui marquent qu'elles se corrompent ; la trop grande humidité des terrains donne souvent lieu aux liqueurs qui doivent porter la nourriture dans l'arbre de se corrompre, ce qui fait pourrir les racines et même l'arbre. Ce que l'on a de mieux à faire dans ces circonstances, si l'arbre a encore de la vigueur, qu'il n'y ait que quelques racines de pourries, c'est de les couper jusqu'au vif et d'y mettre de la terre douce, poreuse et graveleuse, et s'il y a moyen de faire un égoût.

De la Pourriture. La pourriture ordinaire est une dissolution qui arrive au bois du tronc des arbres et qui le creuse en commençant communément par le haut et descendant insensiblement jusqu'aux racines ; on la remarque principalement dans les arbres qui ont eu le fêtage ou quelques grosses branches cassées ou coupées : le chicot meurt peu à peu s'il n'est pas recouvert de son écorce, l'eau s'insinue et la putréfaction se prolonge dans les couches ligneuses du tronc qui lui sont opposées ; si c'est la tête de l'arbre qui est coupée, la pourriture prend au centre du tronc, gagne promptement, de manière qu'il se trouve creusé en peu de temps, ce qui se voit souvent dans de vieux poiriers, même en espalier, sur lesquels on a démonté quelques-uns de ses membres. Je citerai, pour exemple, les saules qu'on étête annuellement ; il se forme dans le bois pourri des chicots des trous qui retiennent l'eau des pluies ; on prévient ces accidents en faisant la coupe d'une branche obliquement à l'horizon et presque verticale, de cette manière l'eau ne pourra séjourner longtemps, d'autant plus que l'on aura soin de rafraîchir la plaie faite à la scie, qui laisse une sorte de déchirure qui retient l'eau, et forme une espèce de suie noire qui ne permet pas au cambium de s'y attacher pour couvrir la plaie, au lieu qu'é-tant bien rafraîchie à la serpette ou tout au-tre instrument bien tranchant, la plaie se re-couvrira promptement, d'autant plus qu'elle sera couverte de la manière que j'ai indiquée au dépôt du pêcher. (Voyez ce mot.)

De l'Étiolement. L'étiolement est un état de maigreur, pendant lequel temps les ar-bres ou les branches ou les rameaux poussent beaucoup en hauteur et peu en grosseur, et périssent ordinairement avant que de produire des fruits ; la cause en est due à ce qu'ils se trouvent privés du courant d'air et de la lu-mière du soleil.

De la Fulomanie. La fulomanie est causée par la trop grande quantité de suc grossier qui fournit une abondance prodigieuse de bois qui est la seule production où un arbre s'abandonne, ce qui l'empêche de donner des fleurs et des fruits. Nous avons des hommes qui prétendent que l'on doit y remédier en coupant de grosses racines ou en perçant le tronc avec une mèche de térier pour enfoncer des broches de bois d'outre en outre; ce pro-cédé pour moi est vraiment des plus absur-

des; l'on doit au contraire profiter de cette
force de végétation en traitant l'arbre comme
je l'ai démontré dans ma méthode de taille
du poirier et du pommier, en profitant de
son accroissement en bois, et le mettant à
l'état d'une belle grandeur; en peu de temps
il fera l'admiration des amateurs par son
volume et les fruits que le prolongement a
forcé de produire.

Des Accidents. Les éclairs, les vents, les
coups de soleil, les grands froids et les grêles
mutilent les branches d'arbre, en produisent l'exfoliation, le dessèchement de l'écorce
et du bois; ce qu'il y a de mieux à faire pour
réparer le mal, c'est de retrancher les parties altérées ; les racines feraient développer de nouveaux bourgeons avec plus de
force , et les branches envahies seraient
bientôt remplacées par de nouvelles.

Des Gerces. Les gerces sont ces fentes longitudinales qui se trouvent dans la direction
des fibres du bois, et qui sans se réunir restent
renfermées dans l'intérieur des arbres, poiriers et pommiers. Cette maladie arrive souvent par une abondance de sève ; le remède
est de faire des incisions longitudinales sur
l'écorce : cette opération est d'une grande importance sur bien des arbres qui sont d'une

écorce dure, qui ne peut se déchirer d'elle-même sans occasionner des inconvénients à l'arbre, soit en formant des écailles qui produisent des mousses ou des crevasses qui servent de retraite aux insectes.

Des Mousses, Plantes parasites. La mousse arboréa est une espèce de lichen qui naît sur l'écorce des arbres raboteux, et dans les crevasses, comme le pommier et le poirier, principalement dans des temps humides ; ces fausses plantes parasites poussent et s'attachent sur l'écorce des arbres, les altèrent en bouchant les pores de la transpiration et en s'appropriant des sucs nourriciers pour leur subsistance. Il est très facile de croire que la maladie de mousse est dangereuse aux arbres, en ce qu'elle se porte dans les boutons à fruits et les épuise ; l'on a l'habitude de la détacher avec une spatule de bois ou une brosse rude par des temps humides, ce qui est très long et très ennuyeux. Moi, je n'emploie jamais d'autres moyens que de faire un lait de chaux, comme pour un badigeon ; à l'aide d'un pinceau je badigeonne mes arbres en hiver, la couche de chaux qui s'attache sur les branches se trouve enlevée par les pluies du printemps : c'est ainsi que les arbres se trouvent débarrassés du plus petit vestige de mousse, et ce moyen procure en outre l'avantage de détruire tous les insectes et leurs œufs, dilate et attendrit l'écorce des arbres et les fait développer au printemps de dix à quinze jours plus tôt. Ce procédé est très expéditif et très avantageux pour les vieux arbres qui ont une écorce dure.

Du Blanc mycilium ou blanc de champignon, qui est souvent produit par des fumiers de cheval dans les terrains légers, soit au printemps ou à l'automne; dans des temps humides, il se forme un filament qui court plus ou moins vite dans la terre, selon sa porosité, et s'attache aux racines des végétaux qu'il rencontre, principalement aux arbres dont il se feutre dans les racines; il forme une couche plus ou moins épaisse d'un blanc moisi, il gêne les racines dans leurs fonctions et en tire les sucs. Il est dès lors impossible à l'arbre de survivre longtemps. Il est important de ne jamais employer de fumier au pied des arbres, autrement qu'en terreau, dans les terrains sujets à produire cette maladie.

Insectes et animaux nuisibles. Le ver mineur est une classe très nombreuse en genres et en espèces; il y a aussi des petites chenilles mineuses, qui se transforment ou se métamor-

phosent en papillons, une quantité de vermines
en mouches, et une infinité d'autres vers mineurs se métamorphosent en scarabées. Tous
ces insectes mineurs font de grands ravages
dans certains endroits, sur les arbres fruitiers dans les jardins et principalement sur
les pommiers plein vent. Dans les champs,
quelquefois les plaines de pommiers sont ra-
vagées par les quantités de chenilles rongeuses
qui absorbent les paremchymes des feuilles
au point qu'un arbre ne pourrait leur suffire ;
c'est alors qu'elles se métamorphosent et deviennent d'autres insectes. Les pucerons, la
fourmi et plusieurs autres petits scarabées
sont aussi très nuisibles, en ce que les uns
salissent et détruisent la nervure des feuilles qu'ils coupent , et les autres s'enve-
loppant dans les feuilles pour s'y transformer en chrysalides, sont les causes des diverses feuilles contournées.On ne connaît pas,
je crois, d'autre remède que des arrosements
avec une pompe à main à jet continu; l'on
met aussi des petites bouteilles contenant un
peu d'eau miellée, munies d'un fil de fer au
goulot, qui forme le crochet, afin d'offrir la
facilité de l'attacher à une branche ou à
un treillage; l'eau miellée attire les fourmis,
les mouches, les guêpes et autres qui atta-

quent les fruits en été, et une fois entrées dans ces petites bouteilles elles se posent sur l'eau qui les noie ou les engloutit.

Kermès gallinsecte. Genre d'insecte connu des cultivateurs sous le nom de punaise. Il y a peu d'arbres et d'arbustes qui n'en nourrissent de différentes espèces. Après leur accroissement, les unes paraissent être des petites boules attachées contre une branche par une très petite partie de leur circonférence ; elles sont ordinairement grosses comme un grain de poivre , il y en a de plates et d'autres figurent un bateau renversé ; elles sont toutes attachées aux petites branches par la partie la plus échancrée ; leur couleur est quelquefois rougeâtre, ou marron, ou violette, ou d'un beau noir; d'autres ont le fond jaune et il y en a de brunes. Les pêchers ont des gallinsectes faites en bateau renversé. La gallinsecte couve ses œufs de son corps qui lui tient lieu d'une coque bien close. La ponte étant finie , l'insecte meurt à la même place où il se trouve depuis longtemps ; son corps se dessèche, et ce cadavre semble se transformer en une espèce de coque qui sert de berceau à sa famille. Celles qui sont nouvellement nées, principalement sur les pêchers et la vigne en espalier , commencent à sortir de dessous les quellettes de leur mère dans les premiers jours de juin ; les fourmis qui indiquent les pucerons dans les bourgeons indiquent aussi les gallinsectes sur les arbres. Ces insectes tirent des branches, sur lesquelles ils se fixent, la substance propre à leur nourriture et à leur accroissement ; ils ne rongent point, ils pompent seulement le suc de l'arbre. On les détruit en frottant avec une brosse de chiendent toutes les branches d'arbres qui en sont garnies, et même le mur ou treillage sur lesquels les arbres sont palissés, et avant que les boutons des arbres ne commencent leur développement au printemps ; sans quoi ces insectes épuiseraient la sève de l'arbre , le feraient languir et ensuite périr.

Du Ver blanc ou larve. Il est produit par des œufs de hannetons , qui éclosent sur la fin de l'été. Ces petits vers, aussitôt éclos, se nourrissent des racines de toutes sortes de plantes en vigueur ; ils passent quelquefois plus de deux ans dans cet état, et continuent leur ravage pendant ce temps. Leur tête est grande et aplatie, d'un jaune luisant, munie d'une espèce de tenaille dentelée, avec laquelle ils coupent les matières dont ils font leur nourriture , au grand regret des agricul-teurs et des horticulteurs. Ils sont le fléau de toutes les racines du potager, jusqu'à faire périr les arbres de toutes espèces, quoiqu'ils préfèrent les pommiers et poiriers dont ils rongent l'écorce des racines, au point de les faire mourir. Le seul moyen de s'en débarrasser est de planter des plans de fraisiers dans les plates-bandes, ou des laitues et romaines autour des pieds d'arbres, à une distance qui n'altère pas le pied de l'arbre. Le ver en est friand ; en tenant ces plantes fraîches, soit par des arrosements ou un pailli, ces vers, qui stationnent dans les parties fraîches qu'ils rencontrent dans leur route souterraine lorsqu'il fait chaud, ne manqueront pas d'être attirés par ces jeunes plans de fraisiers ou salades, qui deviendront bientôt leur proie. A leur première attaque la jeune plante se fâne, et fait connaître par ce moyen que le ver est à son pied : on soulève la plante et l'on trouve quelquefois plusieurs vers blancs. Après la recherche, si la plante n'est pas trop endommagée, on peut la replanter à la même place et en attendre les mêmes résultats.

Limaçon de terre. Le limaçon des jardins, ou escargot commun ou terrestre, ou limace à coquille, est un ver oblong, enfermé dans une coquille d'une seule pièce, qui est plus ou moins grande; cet animal rampe sur terre et monte sur les arbres, d'un mouvement vermiculaire qui lui sert de pied, sans qu'il abandonne sa coquille qu'il tient sur son dos, pour se mettre à couvert lorsque la chaleur du jour l'incommode, car il a grand soin d'éviter les ardeurs du soleil qui le feraient périr; c'est pourquoi il habite plus les lieux frais que secs. Aux approches de l'hiver, le limaçon s'enfonce dans la terre ou se retire dans un trou, quelquefois seul, mais bien souvent en compagnie; il se forme alors avec sa bave, à l'ouverture de sa coquille, un petit couvercle blanchâtre assez solide; ce couvercle met l'animal à l'abri des injures de l'air et de la rigueur du froid. Il demeure ainsi six à sept mois sans mouvement et sans prendre aucune nourriture ; ce n'est qu'au printemps, lorsque reparaît la verdure, que l'appétit et tous ses besoins renaissent; il ouvre sa porte et va jouir des agréments de la belle saison, et cherche de quoi réparer ses forces un peu épuisées par les jeûnes de l'hiver. C'est alors qu'on les voit monter partout, sur les espaliers, les haies, etc., et qu'ils attaquent les feuilles, les fruits, les plantes et légumes; ils attendrissent ceux qui sont trop durs avec leur bave pour les manger ; c'est pendant les nuits et les temps pluvieux qu'ils sortent, pour recevoir l'humidité qui leur paraît favorable. Il faut profiter des temps humides ou des rosées du matin pour leur faire la chasse, en les ramassant dans un panier ; on les donne aux volailles qui les mangent avec avidité.

Des Perce-oreilles ou forbicins. On a nommé cet insecte perce-oreille, parce qu'il cherche avidement les oreilles où il se glisse avec vitesse; cet insecte pullule beaucoup, il habite dans le creux des arbres et sous les vieilles écorces, et se cache même dans leurs feuilles en été pour attaquer leurs fruits lorsqu'ils sont en maturité, principalement les pêches et les abricots, qu'ils creusent pour se nicher dedans et s'en nourrir ; aussi se nichent-ils dans les trous des murailles et dans le fumier principalement sec et chaud, comme par exemple le fumier de cheval, et dans les terrains creux. Ces sortes d'insectes font beaucoup de tort aux fruits et aux fleurs ; la nuit principalement ils se cachent dans les pétales et les détruisent entièrement, jusqu'à ce que les fleurs ne les recouvrent plus ; ils choisissent de préférence les fleurs de dahlias, les roses et les œillets. Ces insectes étant très nombreux dans certains endroits, les jardiniers, lorsqu'ils palissent, font un tampon des bourgeons qu'ils suppriment de leurs arbres, et les mettent de place en place ou dans le pied de l'arbre ; ces animaux aimant à se nicher, se rassemblent dans les tampons pendant la nuit, de sorte que le matin on visite les tampons et on noie ces troupes d'insectes dans un seau d'eau chaude. Je trouve plus avantageux de mettre des ongles de pieds de moutons ou de porcs, que l'on place renversés entre deux branches , et même où l'on veut au moyen d'une baguette que l'on pique en terre, sur laquelle on met ces ongles ou des cornes , dans lesquelles les perce-oreilles ne manquent jamais d'arriver.

Du Lérot, que l'on confond avec le *Loir*. Il habite nos jardins et quelquefois nos maisons. L'espèce est très nombreuse et très répandue; il y a peu de jardins qui n'en soient infectés; ils se nichent dans les trous des murailles et courent sur les arbres en espalier, et grimpent sur les arbres de nos vergers, choisissent les meilleurs fruits et les entament, pendant le temps qu'ils commencent à mûrir. Lorsqu'ils manquent de fruits ils ramassent des noix et noisettes, et des noyaux de fruits, et même des graines légumineuses et des plantes , qu'ils transportent dans leur retraite pratiquée en terre ou dans des arbres creux, où ils se font un lit d'herbes ou de mousse. Lorsque le froid les engourdit, ils se ramassent en boule au milieu de leurs provisions de noix et noyaux, ils restent ainsi sans activité jusqu'à ce que la chaleur les ranime; ils déploient toute leur vigueur et leur agileté; on en trouve quelquefois jusqu'à dix tout engourdis dans la même tanière. En hiver on les détruit en mettant de l'arsenic dans du vin, dont ils sont très gourmands ; après en avoir bu ils vont périr dans des trous, ou on les prend au moyen de piéges à rats.

Du Mulot major. C'est un animal plus petit que le lérot et plus gros que la souris. Il habite les champs et les jardins où il cause de grands ravages ; il se retire dans des trous qu'il trouve tout faits ou qu'il pratique sous des buissons ou sous des troncs d'arbres. Il fait des provisions prodigieuses, comme le lérot. Ces animaux font de grands dommages aux pieds des arbres en espalier, principalement au printemps. Pour les détruire, on place une ardoise ou tuile au pied de l'arbre, et une assiette ou un pot à fleur renversé sur la tuile, que l'on soulève d'un côté avec une noix dont la coquille est enlevée d'un côté, et la partie cassée se trouve en dedans du pot, de sorte que l'animal passe sous le pot pour attaquer la noix à la partie cassée, et qu'au plus petit mouvement, la noix et l'animal se trouvent enfermés sous le pot. On prend le pot et la tuile ensemble, que l'on plonge dans l'eau pour noyer le mulot ; l'on met aussi des pots vernissés en dedans, enterrés à fleur de terre et qui touchent bien le mur ; on les emplit à moitié pleins d'eau ; les mulots et beaucoup d'insectes qui rôdent la nuit, principalement le long des murs, ne manquent guère de tomber dans ces pots d'où le vernis ne leur permet pas de sortir , et ils sont forcés d'y périr.

De la Taupe (*Talpa*). C'est un petit quadrupède long d'environ dix centimètres, d'un poil noir, épais et court, chatoys comme du velours ; son museau effilé est fort dur, ce qui lui donne l'avantage de forer la terre. Les jardins qui contiennent une terre mouvante et engraissée, contiennent également beaucoup de vers que les taupes cherchent avidement. En parcourant la couche labourable, en pratiquant des galeries qui endommagent le terrain, elles causent la désolation du jardinier, et coupent les racines des arbres jusqu'à une grande profondeur. Tout annonce que cet animal est sauvage par nature, méchant et

nuisible par tempérament ; il mène une vie
errante et cachée. S'il a un temps de repos
ou d'inaction, ce n'est que dans un temps de
grande chaleur ou de grande gelée. Comme
les taupes sortent rarement de leur domi-
cile souterrain , elles ont peu d'ennemis et
échappent aisément, par leur vitesse à ren-
trer dans la terre, aux animaux carnassiers.
On ne peut les détruire qu'au moyen de
pinces appelées piéges à taupes, que l'on
tend sur leur passage, c'est-à-dire que ces
pinces se tiennent ouvertes à l'aide d'une
petite détente en tôle , que l'on introduit
dans la galerie souterraine, en l'enfonçant de
manière à boucher l'ouverture de la galerie.
L'on doit mettre deux piéges opposés l'un à
l'autre, afin que de tel côté que l'animal arrive il puisse se prendre en faisant tomber la
détente du piége pour passer outre ; c'est
alors qu'il se trouve pincé par les flancs et
meurt de suite.

Du Puceron vert. Ce sont des insectes
vivant par masses sur les jeunes bourgeons
au printemps et à l'automne, et toujours dans
les sommités des jeunes rameaux. Leur mis-
sion est d'épuiser les bourgeons et les feuilles
qui deviennent toutes contournées. Les sécrétions qu'ils font subir aux bourgeons

attirent en grand nombre les fourmis qui se
nourrissent d'une espèce de liqueur que produisent les pucerons avec la déperdition de sève
du bourgeon, causée par leur piqûre qui est
aussi la cause d'une crasse glutineuse et sale.
Lorsque l'on s'aperçoit de quelques bourgeons attaqués de pucerons, on les écrase
en pressant le rameau avec un peu de cen-
dre dans la main, ce qui empêche de frois-
ser ou blesser les nervures des feuilles, et en
même temps détruit les pucerons ; mais le
meilleur moyen, lorsqu'un arbre en est in-
fecté, c'est de le couvrir avec un drap et
de brûler dessous du tabac à fumer mouillé,
qu'on sème sur un réchaud de charbon
allumé, ayant la précaution de ne pas fournir une fumée trop brûlante qui puisse altérer les feuilles.

Du Coupe-bourgeon, *bêche ou lisette.*
C'est une espèce de petit scarabée ou de
charanson moins gros qu'une mouche ordinaire, revêtu dans les femelles d'une écaille
verte ; chez les mâles elle est d'un bleuâtre
relevé par l'or le plus éclatant. Il a une espèce de trompe dure et fort longue, armée
de plusieurs scies avec lesquelles il fait tant
de tort à tous nos arbres fruitiers dans les
parties tendres des bourgeons. Les pépinié-

ristes sont souvent obligés d'entortiller leurs greffes au printemps d'un sac de papier pour les garantir de cet insecte. C'est en mai et juin qu'il cause les plus grands ravages en coupant continuellement les jeunes .bourgeons de toutes les espèces d'arbres. Il ne fait pas moins de tort aux feuilles tendres qu'il roule autour de lui en spirale, comme un cornet, pour y déposer ses œufs qui donnent après dix à douze jours une espèce de ver ou *larve*, long de six centimètres. En hiver ce charanson rouleur se retire sous terre ou dans le fumier où il demeure endormi. Le moyen de le détruire est de chercher les cornets qui renferment les œufs et de les brûler.

Du Velours vert. Le velours vert et le gribouri causent les mêmes dégâts ; le gribouri est de la couleur d'un hanneton, mais d'une espèce beaucoup plus petite ; il passe l'hiver dans l'état de ver blanc ou larve ; il ouvre des tranchées et pénètre jusqu'aux racines dont il ronge les plus tendres ; il sort de terre en mai et se nourrit de jeunes feuilles, coupe les bourgeons ou pique les boutons à fruits, ce qui les fait souvent mourir. Le gribouri et le velours vert sont à peu près de la même espèce, ils diffèrent seulement en ce que l'un est vert et un peu plus long que l'autre; du reste, ce sont tous des coupe-bourgeons qui se plaisent dans les endroits humides, et ne sortent de terre qu'en mai.

Du Puceron lanigère. Ces espèces de pucerons, qui vivent en société, en peuplades malheureusement trop nombreuses, s'attachent sur les jeunes pousses des arbres, principalement sur les pommiers dans les terrains frais ; ils ont une espèce de trompe qui leur sert à percer la peau des branches tendres pour en tirer le suc propre à leur nourriture ; ils ont en apparence une espèce de laine blanche, qui n'est autre chose qu'une liqueur qui transpire par les pores de leur peau et qui se relève en filets, non comme le poil, mais comme une végétation saline qui paraît leur être nécessaire comme entretien d'humidité, et leur permet de conserver la partie de la branche sur laquelle ils sont posés dans un état contagieux qui amoncelle la sève et dilate l'écorce au point de produire plus ou moins uniformes, suivant le nombre de pucerons, des grosseurs ou espèces de glandes, que l'on appelle gale, qui renferment très souvent des œufs de pucerons dans lesquels éclot plus tard une espèce de ver qui ronge à mesure qu'il grossit pour se faire jour, et là, il met l'intérieur de cette gale en contact avec l'air, ce qui occasionne très souvent les chancres et cause la mort de la branche si on n'y porte remède. On détruit ces insectes au moyen de lait de chaux très clair avec du tabac en poudre.

On est enchanté lorsqu'on voit cette diversité de poires, de saveurs différentes et plus agréables les unes que les autres, qui se succèdent pour orner les tables dans les desserts ; mais comme l'énumération de toutes les espèces serait trop longue et difficile pour moi, ne pouvant connaître toutes celles qui sont dues à la culture, je me bornerai à donner ici une liste des espèces parvenues à ma connaissance pour les avoir cultivées, en indiquant la forme et l'exposition qui leur conviennent le mieux, en ayant soin de ne parler que des espèces de première qualité et de celles dont on ne peut se passer dans un jardin.

J'engage les personnes qui voudraient consulter une nomenclature plus étendue de s'adresser à l'*Almanach du bon Jardinier*, aux articles fruits à pépins ou à noyaux ; c'est selon moi les meilleurs renseignements que l'on puisse trouver.

Liste des meilleures poires à cultiver.

Poire muscat ou petite, en quenouille, mûre en juillet, au midi.

Muscat, en quenouille, mûre en juillet, au levant.

Muscat Robert, gros nain, en espalier, mûre en juillet, au midi.

Blanquette longue queue, en espalier, mûre en août, au midi.

Madeleine, en espalier, mûre en juillet, au midi.

Cuisse madame, plein vent et en espalier, mûre en juillet, au levant.

Épargne, beau présent.

Grosse cuisse madame, en espalier, mûre en juillet, au couchant.

Rousselet hâtif, en quenouille espalier, mûre en juillet.

Gros rousselet, roi d'été, en quenouille, mûre en septembre.

Bon chrétien d'Espagne, en espalier, mûre en décembre.

Bon chrétien d'hiver.

Poire d'angoisse, mûre en novembre, au midi et au levant.

Bon chrétien d'Auch, mûre en novembre, au midi et au levant.

Bon chrétien de Vernois, mûre en novembre,
   au midi.

Bon chrétien turc.

Poire beurré, en espalier, mûre en septembre.

Beurré d'Aremberg, en quenouille ou espalier, mûre en décembre.

Beurré d'Angleterre, en espalier, au couchant
   et au levant, mûre en septembre.

Doyenné blanc Saint-Michel, mûre en septembre.

Doyenné gris ou d'automne, en espalier, au
   couchant et au levant.

Doyenné d'hiver, en espalier, au couchant
   et au levant, mûre en novembre.

Bergamote d'automne, en espalier, au midi
   et au levant, mûre en octobre.

   — Silvange, mûre en décembre.

   —   d'hiver, mûre en février.

   — de la Pentecôte, en espalier, mûre en
   mai et en novembre.

Crassane, mûre en novembre.

Messire Jean Chaulis, en espalier, au couchant et au nord, mûre en décembre.

Bezy de Chaumontel, en espalier, au couchant, mûre en décembre.

Bezy de Lamotte, mûre en octobre.

Martin sec, rousselet d'hiver, en quenouille

et en espalier, au couchant, au levant et
au nord, mûre en décembre.
Virgouleuse, en espalier, au levant, mûre en
novembre.
Duchesse , en quenouille ou espalier, mûre
en octobre.
Saint-Germain, mûre en novembre.
Louise bonne, mûre en décembre.
Colmar, poire naine, en espalier, au levant
mûre en février.
Catillac, mûre en décembre.

Des meilleures variétés de Pommes.

Pomme calvil d'été, grosse.
Pomme Madeleine, mûre en juillet.
Calvil blanc d'hiver, en gobelet, mûre en
décembre.
— rouge d'hiver.
— — d'automne, en gobelet, mûre
en janvier.
Fainouillet gris, mûre en décembre.
— jaune drap d'or, mûre en décembre.
Reinette franche, bonne jusqu'en août.
— dorée, mûre en hiver.
— de Hollande, mûre en novembre.
— d'Espagne.
— de Bretagne.

Reinette de Canada, en gobelet.

— grise, haute bonté, mûre au printemps.

Gros api, mûre en décembre.

Rembours d'hiver, bonne à cuire jusqu'en
mars.

Observations et choix des meilleures espèces de Pêches à cultiver.

Les nombreuses variétés de pêches se divisent en plusieurs races, dont la première,
la deuxième, troisième et quatrième, se
distinguent en quatre séries, que par des
caractères tirés de la grandeur des fleurs,
de la présence ou de l'absence de la forme,
des glandes, du bas des feuilles de pêchers,
ainsi que la peau du fruit qui diffère par sa
couleur, plus ou moins velue et sa chair plus
ou moins adhérente au noyau. Je n'entre-
prendrai pas de décrire toutes ces prodigieuses
variétés de pêches, dans chacune de leurs
séries ; d'abord la nature d'un terrain avec
l'exposition, suffit pour embarrasser et même
tromper celui qui veut connaître les différences de ce genre; ensuite comme beaucoup ne méritent pas l'attention et les soins du
cultivateur, il suffit de connaître une dizaine
de variétés de pêches, pour se procurer une

suite non interrompue, depuis la fin de juillet
jusqu'à la fin d'octobre. Les dix à quinze sortes
que je peux citer comme les plus belles et
les meilleures, et qui se succèdent sans inter-
ruption, sont :

Pêche petite mignonne. Très productif, fruit
petit, rond ; les plus estimées des pêches
hâtives, mûres à la fin de juillet.

— Grosse mignonne hâtive. Fruit gros, assez
rond, aplati, fondant, sucré; cette espèce
a l'avantage de se contenter de toutes les
expositions, et de produire beaucoup; son
fruit mûrit dans la première quinzaine
d'août.

— Grosse mignonne ordinaire. Le fruit un
peu moins gros que le précédent et ayant
les mêmes qualités; seulement il mûrit dix
à douze jours plus tard.

— Madeleine de Coursou. Fruit gros, arrondi,
très rouge, chair ferme et sucrée ; mûr
dans les premiers jours de septembre.

— Belle bausse. A beaucoup de rapports avec
la grosse mignonne hâtive; son fruit en a
à peu près la grosseur et mûrit plus tard
de quinze jours.

— De Malte, belle de Paris. Fruit de deuxième
grosseur, aplati en dessous, chair la plus

délicate de toutes lorsqu'elle réussit ; mûrit fin d'août.

— Pourprée hâtive. Gros fruit coloré, chair fine et fondante, et quelquefois elle devient cotonneuse, mûrit à la mi-août ; elle est sujette au blanc.

— Belle de Vitry. Gros fruit rond d'un jaune clair, marbré d'un peu de rouge du côté du soleil, une des meilleures pêches ; toute exposition ; à la mi-septembre.

— Pêche grosse noire de Montreuil, calande, bellegarde. Ses fruits sont très beaux et tellement colorés, qu'ils paraissent presque noirs ; mûrit fin d'août.

— Pêche brugnon musqué. Son fruit est presque rond, d'un rouge clair et vif du côté du soleil ; sa chair est ferme, cassante, musquée et sucrée ; mûrit à la fin de septembre.

— Bourdine. Gros fruit arrondi, quelquefois mamelonné, sucré et vineux ; mûrit à la mi-septembre ; espèce très productive.

— Téton de Vénus. Très gros fruit à peu près rond, terminé au sommet par un mamelon pointu, chair délicate ; mûrit à la fin de septembre.

— Royale. Fruit très gros, jaune en dehors, un peu lavé de rouge du côté du soleil ;

chair ferme, ne mûrissant que dans les premiers jours d'octobre.

— Chevreuse tardive. Son fruit est gros très velu, et très allongé; mûrit du 15 septembre au commencement d'octobre.

Abricots en espalier.

Abricot précoce, de médiocre qualité, mûrit à la fin de juin, en espalier.

Abricot commun très productif. Gros fruit, mais pâteux lorsqu'il est trop avancé, mûr en juillet; l'arbre est très vigoureux.

Abricot-pêche. Fruit plus gros que les autres, excellent, mûr à la fin d'août; sa chair est d'un jaune rouge, très fondante et d'une saveur délicieuse.

Abricot royal. Plus rond et meilleur que le précédent.

Abricot gros musc. Fruit parfumé, mûr à la fin de juillet; l'arbre est très vigoureux.

Espèces et variétés de Prunes.

Prune de Perdrigeon blanche, chair fondante, d'un goût sucré et parfumé; mûre en septembre.

—Royale hâtive. Fruit de beaucoup de saveur, ressemble par sa couleur à la reine-claude violette; mûre dans les premiers jours de juillet.

—Royale de Tours. Fruit presque rond, violet, chair rouge sucrée; fin de juillet.

— Précoce de Tours. Fruit noir, hâtif, petit ; juillet.

— Damas violet. Fruit moyen, sucré, un peu aigre; mûr fin d'août.

— Monsieur hâtif. Gros fruit rond, violet foncé; mûr à la mi-juillet.

-– Surpasse-monsieur. Fruit très beau et très parfumé; mûr fin d'août.

— Perdrigeon blanc et violet, pas très gros, un peu long mais excellent, se traite bien en espalier; mûrit en septembre.

– Reine-claude. Fruit gros, vert piqueté de gris et de rouge; elle est la reine des prunes, elle augmente encore de qualité lorsqu'elle est cultivée en espalier au midi; mûre en août.

— Reine-claude violette, ne diffère de la précédente que par sa couleur et sa durée, qui va jusqu'en octobre.

— Impériale violette. Fruit quelquefois gros comme un œuf de poulette; mûr fin d'août.

—Grosse mirabelle jaune, piquetée de rouge, sucrée, fondante, excellente; mûre mi-août.

— Couetsche de médiocre qualité, mais excellente pour pruneaux.

— Sainte-Catherine. Fruit jaune sucré et très avantageux pour faire des pruneaux; mûrit de septembre en octobre.

— Saint-Julien et le damas noir se cultivent avantageusement pour en obtenir des plans qui sont les meilleurs pour greffer le pêcher, l'abricotier et le prunier.

Choix de quelques variétés de Cerises en espalier.

Cerise anglaise royale hâtive. Gros fruit, pédoncule court, chair douce, très bonne, donne beaucoup de fruit et mûrit fin de mai.

Cerise guigne. Fruit délicat, mûrit fin de juin.

Guinier ou gros fruit noir d'une saveur douce; mûrit en juin.

Bigareautier hâtif, à fruit petit, à fruit très gros, rouge assez foncé, mûrit fin de juillet.

Cerise royale tardive, est une très bonne espèce; elle donne une abondance de fruits très gros et d'une couleur très foncée, mûrit en juillet; elle a une variété à fruit noir :

ce sont ces quatre premières espèces que l'on doit préférer aux espaliers.

Cerisier de Montmorency, à gros fruit, d'un rouge vif, chair d'un blanc jaunâtre très peu acidulée et bien bonne ; mûre en juillet.

Cerise de Varennes, fruit qui a beaucoup de rapport avec la cerise de Montmorency à longue queue, mais préférable ; mûre en août.

Une variété à gros fruit blanc, très sucré.

Cerise gros gobet, variété de Montmorency, fruit moins gros et le pédoncule plus court. mais très bon fruit.

— Belle de Choisy, très gros fruit à long pédoncule, d'un jaune rougeâtre marbré d'un goût délicieux ; mûre en juillet.

FIN.

TABLE DES MATIÈRES.

Imp. de Mme de Lacombe, r. d'Enghien, 12.